跟星级大厨学做
营养汤

甘智荣 ◎ 主编

U0272829

新疆人民出版总社
新疆人民卫生出版社

图书在版编目（CIP）数据

跟星级大厨学做营养汤 / 甘智荣主编 . -- 乌鲁木齐：
新疆人民卫生出版社，2016.8
ISBN 978-7-5372-6648-2

Ⅰ . ①跟… Ⅱ . ①甘… Ⅲ . ①保健－汤菜－菜谱
Ⅳ . ① TS972.122

中国版本图书馆 CIP 数据核字（2016）第 150453 号

跟 星 级 大 厨 学 做 营 养 汤

GEN XINGJI DACHU XUEZUO YINGYANGTANG

出版发行	新疆 人民出版总社 新疆 人民卫生出版社
责任编辑	左丽皮亚
策划编辑	深圳市金版文化发展股份有限公司
摄影摄像	深圳市金版文化发展股份有限公司
封面设计	深圳市金版文化发展股份有限公司
地　　址	新疆乌鲁木齐市龙泉街 196 号
电　　话	0991-2824446
邮　　编	830004
网　　址	http://www.xjpsp.com
印　　刷	深圳市雅佳图印刷有限公司
经　　销	全国新华书店
开　　本	195 毫米 ×285 毫米　　大度 16 开
印　　张	13
字　　数	220 千字
版　　次	2016 年 8 月第 1 版
印　　次	2016 年 8 月第 1 次印刷
定　　价	39.80 元

俗语有云："宁可食无馔，不可饭无汤""无汤不上席，无汤不成宴"，这足以看出汤在人们餐桌上的重要性。汤作为餐桌上的第一佳肴，以它丰富全面的营养、鲜美可口的滋味、极易消化吸收等优点，被越来越多的人所喜爱。不论男女老少，每日离不开的是那美味可口的汤；不论春夏秋冬，餐桌上必不可少的是一碗热气腾腾的汤。汤神奇的地方在于内容的丰富、营养的充足，无论餐桌上的菜多么丰富，汤永远会令人眼前一亮。

汤，就是把食物炖煮后所得的汁液，主要是吃原料的汤汁。食物中的营养成分在炖汤的过程中充分渗出，包括蛋白质、脂肪、维生素、矿物质等各种人体必需的营养物质。所以，汤中的营养充足，能够温和调理身体。

汤作为饮食的重要组成部分，具有非常重要的作用：饭前喝汤，能够湿润口腔和食道，刺激口胃以增近食欲；饭后喝汤，可爽口润喉，有助于消化。中医认为汤能温中散寒、健脾开胃、补益强身、利咽润喉。

本书共分为四章，从营养着手，介绍了日常生活中常见材料所煲的营养汤，包括选材、做法、功效分析等内容，全面而实用。

第一章主要介绍煲汤的基本知识，包括煲汤的器具选择，常见汤底的制作方法，怎么喝营养汤，常用原料、调料、香料，烹调技巧，通过这些内容可以让您以最快的速度了解营养汤的制作。

第二章根据功效介绍相应的营养汤，有健脑益智汤、养心安神汤、保肝护眼汤、健脾养胃汤、润肺止咳汤等功效。每种功效都精心为您准备了7~11种营养汤，让您可以根据不同的需求选择不同功效的营养汤。

第三章则根据不同人群的需求，分别介绍适合每种人群特点的营养汤。比如儿童生理机能旺盛，但是脾气不足，且正在生长发育的阶段，所以宜食用营养充足、健脾益胃的营养汤；青少年精力旺盛，消耗能量较多，且处于青春期，宜注意营养均衡、能量充足……因此，不同的人群有不同的生理需求，要用不同的食材进行滋补。

第四章根据四季的特点，介绍适合在不同季节饮用的营养汤。四季养生有其自身规律——春生夏长，秋收冬藏。在恰当的季节喝对汤，对养生是至关重要的。春天是"复苏"的季节，最适合来一碗养生补气汤；夏天煲汤、喝汤主要是以清补、祛湿、健脾、消暑为主要原则；秋天宜多食温食，少食寒凉之物，以保护胃气，选用的煲汤材料最好是滋润之品；冬季进补能够增强人的免疫力，调节体内的新陈代谢。

本书还有一个显著的亮点，就是利用现如今最流行的二维码，将营养汤的制作与视频紧密结合，分解每一步营养汤的制作方法，让煲汤变得更容易。希望这本《跟星级大厨学做营养汤》能为您及您的家人带来健康和快乐。

PART 1

教你如何做出营养汤

PART 2

看功效喝营养汤，很贴切

CONTENTS

营养汤

PART 3

按人群选营养汤，很快捷

CONTENTS

PART 4

按四季选营养汤，很方便

营养汤

营养汤
Ying yang tang

PART 1

教你如何做出
营养汤

一碗营养美味的汤带给人的不仅是健康，
还有温暖与一整天的好心情。
本章主要介绍了怎样煲出营养汤，
包括煲汤的器具选择，汤底制作方法，
该怎样喝，常用原料、调料、香料，煲汤技巧。

煲汤的器具选择

工欲善其事，必先利其器，煲一锅营养好汤，必先有一口好锅。煲汤的锅种类繁多，煲什么样的营养汤适合用什么器具也是有讲究的。本节介绍一些常见的煲汤器具，并介绍其特点和使用注意事项，让你在煲汤的时候能够选择合适的汤锅。

❖ 陶锅

陶锅渗入水分后容易发霉，所以每次使用后都要立即清洗干净，可选用质地较细的海绵或一般的清洗剂清洗，再用抹布彻底擦干，放于通风处风干。长时间没用的，1年要拿出来通风2次。

❖ 砂锅

传统砂锅是由不易传热的石英、长石、粘土等原料配合而成的陶瓷制品，经过高温烧制而成，具有通气性好、吸附性强、传热均匀、散热慢等特点。传统砂锅不耐温差变化，容易炸裂，不能干烧。

❖ 铝汤锅

铝汤锅在旧时厨房中很常见，其特点是轻便、耐用、加热快、导热均匀、不生锈。许多人喜欢用钢丝球把铝汤锅的锅底擦得发亮，擦掉浅黄色的锈。但其实那些浅黄色锈是具保护作用的氧化膜，不宜去除，这样对锅本身的损害很大，更不利于之后的使用。

❖ 珐琅铸铁锅

珐琅铸铁锅兼具炒锅、汤锅的功能，现代厨房烹饪中也经常使用到。珐琅铸铁锅有高抗酸碱的特点，可防止生铁锅生锈，因此可用铸铁锅烹调酸性食物，如西红柿或柠檬等。不过，应避免用铸铁锅烹饪太冷的食物，因为这会造成食物粘在锅底。

❖ 不锈钢汤锅

不锈钢汤锅有很强的化学稳定性，具备足够的强度和塑性，在高温或低温环境中能保持耐腐蚀的优点。其锅底是夹纯铝的复合底，坚固耐用，导热均匀，但不锈钢汤锅不适合隔夜存放高盐、高酸食物。

❖ 瓦罐

地道的老火靓汤煲制时多选用质地细腻的砂锅瓦罐。其保温功能强，但不耐温差变化，常用于小火慢熬。新买的瓦罐第一次煲汤前应先用来煮粥或是在锅底抹油放置一天后再洗净煮一次水，经过这道开锅手续的瓦罐使用寿命更长。

❖ 电炖锅

电炖锅是一种现代家庭常用的厨房电器，可用来煮粥、炖汤等。电炖盅一般采用小火慢烧法炖粥、汤，可以使食材和调料的味道、营养很好地散发到粥、汤里，香味特浓。

9款常见汤底的制作方法

汤底是决定一锅好汤的关键，多少食材的精华才能糅合出一口浓香醇厚的汤。因此，汤底是一锅汤的精华所在。本节展现了9款常见汤底的制作，从材料选择到制作过程，让你很容易就能学会这些汤底的做法。

■ 西红柿汤汤底

材料展示

西红柿500克　　洋葱2个　　水800毫升

熬制过程

① 将西红柿洗净，切大块

② 洋葱去皮洗净，切大块。

③ 将西红柿和洋葱放入汤锅中，加适量水，用大火煮沸，转小火煮90分钟即可。

汤底介绍

西红柿汤是一道菜汤，主要食材是西红柿。煮成的汤色泛红，口味带着西红柿独有的酸甜，是很开胃的汤底。

烹饪指导

西红柿不适宜煮很长时间；青色未熟的西红柿不宜食。

■ 蔬菜汤汤底

材料展示

包菜叶子2片　　　　　胡萝卜1/4根　　　　　洋葱1/2个

熬制过程

① 包菜叶洗净，撕成小片，先用热水氽过备用。

② 胡萝卜、洋葱分别洗净后切小块，和包菜叶一起放入水中，用中火熬至胡萝卜变软即可。

汤底介绍

蔬菜汤有中西不同特色。与把食材打碎后融入汤中的西式蔬菜浓汤不同，用小火细细熬煮出食材中精华的中式汤，则更像是我们日常所说的蔬菜汤。

烹饪指导

喝不完的菜汤倒入玻璃器皿内放入冰箱冷藏待用，不可冷冻。

■ 菌菇汤汤底

材料展示

口蘑100克　　干香菇100克　　干竹荪100克　　金针菇100克　　牛肝菌50克

熬制过程

① 将口蘑、金针菇洗净。

② 将香菇、竹荪、牛肝菌分别放入温水泡软，用纱布包扎好。

③ 将所有材料放入汤锅中，加清水，大火煮沸后，转小火煲煮2~3个小时，关火即可。

汤底介绍

俗话说"冬吃萝卜，夏吃姜，一年四季喝菌汤"，可见菌菇汤对人的益处有多大。菌菇经常被选作汤底材料，用来制作荤素汤品都很合适。作为汤底，菌菇滋味鲜香浓郁，一般无须其他的鲜味调味品。

烹饪指导

① 菌菇用来煮汤前，入锅先用油爆炒下，会更具风味。

② 在菌菇汤中加入牛奶和嫩豆腐，味道也是一流。

■ 鱼头汤汤底

材料展示

鱼头1个（约200克）　　　　　　　　　姜片1小片

熬制过程

① 鱼头洗净，加水和姜片一起煮沸。

② 转小火，再熬1小时，至鱼骨成能轻易用筷子剥开的程度。

③ 等汤汁稍凉后，用细网筛过滤2次即可。

汤底介绍

鱼头汤汲取了鱼头中的精华，利用小火慢慢熬煮，一点点地让精华渗透到汤水中，是营养价值极高的汤底。煮好的汤色呈奶白色，再点缀蒜叶、青葱，色香味俱全。

烹饪指导

① 可以把鱼头剖开放油里炸。

② 把水烧开了，再放鱼头，这样汤容易呈白色。

③ 可以在鱼头汤里放点豆腐、香菇，或者凉粉一类的东西。

■ 猪棒骨高汤汤底 ▶

材料展示

 猪棒骨1根　　 葱段少许　　 姜块少许

熬制过程

① 将猪棒骨洗干净，斩大块，入滚水锅中余烫去血味，捞出。

② 将余好的猪棒骨放入加有开水的汤锅中，加葱段、姜块，小火煲煮3~4个小时。

汤底介绍

猪棒骨高汤汤底可以用来煲制各式汤品，还可以作为基础味，用于给其他汤底增香、调味。

烹饪指导

肉骨和汤分开放，更方便取食。

■ 牛骨高汤汤底 ▶

材料展示

 牛骨1根　　 葱段少许　　 姜块少许

熬制过程

① 将牛骨洗干净斩大块，入沸水锅中余烫去血味，捞出。

② 将余好的牛骨放入加有开水的汤锅中，加葱段、姜块，大火烧沸。

③ 转小火煲煮4~5个小时，至汤汁乳白浓稠即可。

汤底介绍

牛骨高汤汤底可以用来煲制各种荤素汤品，也可以根据汤品的需要，用牛腱肉或牛杂加陈皮、姜片熬煮牛肉清汤替代牛骨高汤。

■ 猪排骨高汤汤底

材料展示

猪排骨500克　　　丁香少许　　　肉桂少许　　　紫苏叶少许　　　陈皮少许　　　八角少许

熬制过程

① 将猪排骨洗净剔除多余脂肪，放入沸水锅中余烫去血味，捞出。

② 将余好的猪排骨放入加有开水的汤锅中煮2个小时。

③ 加入丁香、肉桂、紫苏叶、陈皮、八角，煮到入味即可。

汤底介绍

猪排骨高汤汤底可以用来煲制各式荤素汤品，具有淡淡香料味和肉骨的浓香味。

烹饪指导

① 熬煮过程中不要加水，以保持原味，若一定要加水，要加热开水。

② 煮时浮渣要捞除。

③ 煮时加几滴醋，可释放骨质中的钙，有利人体吸收。

■ 牛熏骨高汤汤底

材料展示

小牛骨1根　　　香叶1片　　　紫苏叶少许　　　丁香少许　　　陈皮少许

熬制过程

① 取小牛骨洗净剔除多余油脂，斩断放入烤箱，烤到呈褐色，取出。

② 把烤好的小牛骨放入沸水锅中，加香叶、紫苏叶、丁香、陈皮煮沸后，转小火煲煮3~4个小时。

③ 捞去浮沫，取清汤底即可。

汤底介绍

牛熏骨高汤汤底可以用来煲制各式汤品，具有独特的熏骨的焦香味。

■ 鸡脚高汤汤底

材料展示

鸡脚500克

姜10克

熬制过程

① 将鸡脚冲洗干净，入沸水锅中焯透，捞出。

② 将余好的鸡脚放入汤锅中，加入适量清水煮沸，转小火熬煮2小时。

③ 加几块姜，提味去腥，续煮至汤浓味香，撇去浮油即可。

汤底介绍

不光是鸡脚，就连鸡头、鸡脖子、鸡翅、鸡骨、鸡爪，根据个人喜好，都可选来作为高汤的材料，熬成的汤可作为汤头，为其他汤提鲜。

熬制高汤诀窍大揭秘

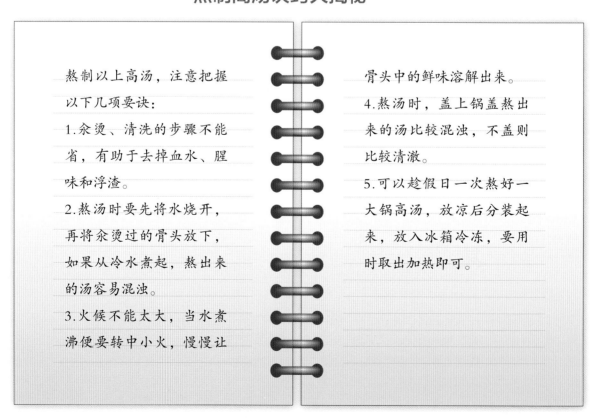

熬制以上高汤，注意把握以下几项要诀：

1. 余烫、清洗的步骤不能省，有助于去掉血水、腥味和浮渣。

2. 熬汤时要先将水烧开，再将余烫过的骨头放下，如果从冷水煮起，熬出来的汤容易混浊。

3. 火候不能太大，当水煮沸便要转中小火，慢慢让骨头中的鲜味溶解出来。

4. 熬汤时，盖上锅盖熬出来的汤比较混浊，不盖则比较清澈。

5. 可以趁假日一次熬好一大锅高汤，放凉后分装起来，放入冰箱冷冻，要用时取出加热即可。

怎么喝营养汤，有讲究

"宁可食无肉，不可饭无馐"，很多人认为吃饭若是不喝汤，就称不上一顿饭。人们都以为喝汤是一件很简单的事，殊不知，只有科学地喝汤，才能既吸收营养，又避免脂肪堆积。那么，在这方面，我们有哪些需要注意的呢？

汤渣其实也是营养

大多数人都认为我们用来煲汤的食材经过长时间的熬制以后，食材本身变成了汤渣，已经丧失营养价值。其实，这种观念是错误的。有实验证明，用鸡、鸭、鱼、牛肉等不同蛋白质原料的食品煮6个小时以后的汤看上去是很浓的，我们以为浓汤中已经富含了所有的蛋白质，但其实还有85%的蛋白质依然存留在汤渣中。尽管汤渣口感不太好，但是当中所含的肽类还有氨基酸还是有利于人体的消化的。

餐前别喝老火汤

俗话说"饭前喝汤，苗条健康；饭后喝汤，越喝越胖"。饭前先喝几口汤，有利于食物稀释和搅拌，促进消化吸收。最重要的是，饭前喝汤可使胃里的食物充分贴近胃壁，增强饱腹感，降低食欲。餐后再喝汤容易导致营养过剩，造成肥胖。

餐前的汤怎么喝也很有讲究。老火汤、煲汤其实不适合餐前喝，因为其油盐含量很高，多喝反而不利健康。最好选择口味清淡的蔬菜汤，不仅爽口，还不会增加过多的热量。经常感到胃胀、烧心、反酸的人通常消化不好、胃酸分泌较少，不宜餐前喝汤，因为这样容易冲淡胃液，更不利于食物的消化吸收。

汤泡饭其实很伤胃

汤泡饭是直接损害胃健康的一种误区。人体要想很好地消化食物，本来就需要咀嚼较长时间，唾液分泌量自然也就比较多，这样才有利于润滑和吞咽食物。汤若与饭菜混淆在一起，饭还没嚼烂，便与汤一道进入胃中，长此以往，必然直接损害消化系统，导致胃病。

做营养汤常用这些原料

想要煲出一碗美味营养的汤，那么新鲜、营养的原料必不可少。但并不是所有食材都适合煲汤，下面介绍的就是适合煲汤的几种常见食材。用这些食材煲的汤不仅色、香、味俱全，而且营养十分丰富。

❖ 猪肉

猪肉含蛋白质、脂肪、碳水化合物、磷、钙、铁、维生素B$_1$、维生素B$_2$、烟酸等成分。猪肉味苦性微寒，有小毒，入脾、肾经，有滋养脏腑、润滑肌肤、补中益气、滋阴养胃的功效。

煲猪肉汤最好用小火慢炖，这样猪肉汤原汁原味，而且更富含营养。

❖ 猪骨

猪骨含大量蛋白质、脂肪、维生素以及磷酸钙、骨胶原、骨黏蛋白等，具有润肠胃、生津液、丰机体、泽皮肤、补中益气、养血健骨的功效。

煲骨头汤前，最好先将猪骨入沸水锅中汆去血水；还可在汤内放点醋，可促进骨头中的蛋白质及钙、磷、铁等矿物质溶解。

❖ 牛肉

牛肉含蛋白质、脂肪、维生素B$_1$、维生素B$_2$等营养成分，具有补中益气、滋养脾胃、强健筋骨的功效。

炖牛肉时，将一小撮用纱布包好的茶叶同时放入锅中，与肉同煮，牛肉很快就能炖至熟烂。

❖ 羊肉

羊肉含有丰富的蛋白质、脂肪，还含有维生素B$_1$、维生素B$_2$及矿物质钙、磷、铁、钾、碘等。羊肉为益气补虚、温中暖下之品。

新鲜羊肉肉色鲜红而均匀，有光泽，肉质细而紧实，有弹性，外表略干，不黏手。炖羊肉时，可在锅中放点食碱，这样羊肉便很容易炖烂。

❖ 羊骨

羊骨中含有磷酸钙、碳酸钙、骨胶原等成分。其性温味甘，具有补肾、强筋的作用。

想将汤熬白，要避免经常揭锅盖，保持锅内高温。需要加水时，要另外烧开水加入，不能直接加冷水。

❖ 鸡肉

鸡肉富含蛋白质、脂肪、维生素B_1、钙、磷等营养成分，具有温中益气、补精填髓、益五脏、补虚损的功效。

鸡肉与药膳同煮，营养更全面。带皮的鸡肉含有较多的脂肪，所以较肥的鸡应该去掉鸡皮再烹制。

❖ 鸭肉

鸭肉富含蛋白质、B族维生素、维生素E以及铁、铜、锌等矿物质，具有养胃滋阴、清肺解热、大补虚劳、利水消肿的功效。

应选择肌肉新鲜、脂肪有光泽的鸭肉。炖鸭的时间需在40分钟以上，这样汤料的味才能熬出来。

❖ 鲫鱼

鲫鱼富含蛋白质、脂肪、钙、铁、锌、磷等营养元素及多种维生素，具有补阴血、通血脉、补体虚以及益气健脾、利水消肿等功效。

将鲫鱼洗净后放入锅中煲至熟，掌握好火候，时间不宜太长，否则鱼肉太烂会影响口感。

❖ 甲鱼

甲鱼含有丰富的蛋白质，其蛋白质中含有18种氨基酸，且含有一般食物中很少有的蛋氨酸。甲鱼是滋阴补肾的佳品，具有滋阴壮阳、软坚散结、化瘀和延年益寿的功效。

甲鱼煲汤前一定要在沸水中煮一下，以洗掉鱼身表面的膜。

做营养汤用这些
调料、香料搭配

没有调味料的汤食之无味，没有香料的汤闻之无味。作为煲汤必备的调料、香料，我们平时应该怎样使用，与什么样的材料搭配味道更好呢？下面就为大家介绍常见的一些调料和香料，让营养汤更美味。

❖ 盐

盐呈白色结晶粉末状或块粒状，别名食盐，是烹饪中最常用的调味料。日常生活中的食材烹饪均可用盐调味，但量不宜过多，每人每天摄入量应控制在6克以内。

对汤的作用：在汤中加入盐，可以去除肉类、海鲜类食材的一些异味，增加美味，达到提鲜的效果。

❖ 鸡粉

鸡粉是以鸡肉、鸡蛋、鸡骨头等为基料，通过蒸煮、减压、提汁后，配以多种辅料复合而成的，具有鲜味、鸡肉味。

对汤的作用：鸡粉既有鸡的鲜味，又有其香味，加入汤里面，既能增鲜，又能调味，比味精更具营养价值。

❖ 生抽

生抽是以优质黄豆和面粉为原料，经发酵成熟后提取而成。生抽一般用作烹调，颜色较淡，呈红褐色。

对汤的作用：汤里加入生抽，主要用来调味。加入生抽的汤通常色泽淡雅，味道鲜美。

❖ 老抽

老抽是在生抽的基础上加入焦糖，经特殊工艺制成的浓色酱油。老抽的色泽红壮乌润，味道咸甜适口，是各种浓香菜肴上色入味的理想帮手。

对汤的作用：在汤中淋几滴老抽，可以为肉类增色，让寡淡的汤色变得鲜艳起来。

❖ 料酒

　　料酒以黄酒为基酒，加入多种香辛料勾调而成，其酒精浓度较低，而酯类含量高，富含氨基酸，香味浓郁，滋味醇厚。

　　对汤的作用：烹调肉类汤时，加点料酒能去腥、增香，可以帮助溶解食材中的有机物质，提升口感，并减少腥膻和油腻。

❖ 白糖

　　白糖是由甘蔗和甜菜榨出的糖蜜制成的精糖。白糖色白，干净，甜度高。白糖具有纯正的蔗糖甜味，除直接食用外，也是工业用糖的主要品种。

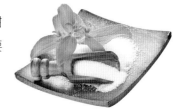

　　对汤的作用：煮汤时，白糖一般都在汤将出锅的最后几分钟放入，溶解在汤水中，可以增加甜味。

❖ 冰糖

　　别名冰粮。品质纯正，不易变质，可作糖果食用，可以增加甜度，也用作高级食品甜味剂。自然生成的冰糖有白色、微黄色、淡灰色等多种颜色。

　　对汤的作用：汤里加了冰糖，既不会影响色泽，也不会影响口感，却可以增加甜味，帮助提升口感。

❖ 陈醋

　　陈醋是指酿成后存放较久的醋，以山西老陈醋为主要代表。陈醋呈浓褐色，液态清亮，醋味醇厚，具有少沉淀、贮放时间长、不易变质等特点。

　　对汤的作用：骨头汤里放醋，不仅能起到调味的作用，还可以促进钙质吸收，使骨头中的磷、钙溶解于汤中，还可保存汤中的维生素。

❖ 香油

　　香油，北方多称为芝麻油、麻油，是从芝麻中提炼出来的，具有特殊香味，故称为香油。其榨取方法一般分为压榨法、压滤法和水代法，小磨香油为传统工艺水代法制作的香油。

　　对汤的作用：将香油加入汤水中，可以帮助增鲜，使汤不仅闻起来更香，喝起来味道也更棒。

❖ 姜

姜的种类很多，有南姜、沙姜、高良姜、生姜、黄姜等。这里主要介绍生姜，煲汤通常都会用到它，主要用来去腥。生姜是宝，作用多，有药用和保健功效。姜去皮后可干燥脱水，做成干姜片和姜粉使用。

❖ 蒜

蒜的用途很广，不仅煲汤时会经常用到，药用保健也常被采用。大蒜中含有类似维生素E与维生素C的抗氧化成分，具有抗衰老的作用，此外还有保护心血管、杀菌、抗疲劳的功效。

❖ 陈皮

陈皮用于烹制菜肴时，其苦味与其他味道相互调和，可形成别具一格的风味。陈皮所含的挥发油对胃肠道有温和刺激作用，可促进消化液的分泌，排出肠管内积气，增加食欲。煲汤时适量添加陈皮，可以除异味、增香、提鲜。

❖ 桂皮

桂皮又称"肉桂""官桂"或"香桂"，是一种有悠久历史的香料，辛香带甜，煲汤和火锅都可以用，也是五香粉的成分之一。桂皮挥发油香气馥郁，可使肉类菜肴去腥解腻、鲜香可口，令人食欲大增。在汤煲中适量添加桂皮，有助于预防或延缓衰老。

❖ 花椒

花椒味麻辣，它是中国特有的香料，有"中国调料"之称，尤以在川菜中使用最为广泛。红烧、卤味、小菜、煲汤等菜肴均可用到它，也可粗磨成粉和盐拌匀，制成椒盐，蘸食使用。煲制肉汤时，放入花椒，可去除肉类的腥气，促进唾液分泌，增加食欲。

❖ 八角

　　八角又称作"中国大茴香"，八角状，味道辛辣浓重，主要用于卤制和火锅，是五香粉的成分之一。八角是两季果，分为春秋季，春季果叫作角花八角，秋季果叫大红八角，大红八角的质量、颜色都要更好一些。八角有温阳散寒、理气止痛的功效。炖肉时，肉下锅就放入八角，其香味可充分地溶入肉内，使肉味更加醇香。做上汤白菜时可在白菜中加入盐、八角同煮，最后放些芝麻油，这样做出的菜有浓郁的荤菜味。

❖ 黑胡椒

　　黑胡椒被称为"黑色黄金"，原产于印度，后来传到世界各地。黑胡椒有非常强烈而且独特的辛辣味道，这种味道来自胡椒碱，为了让它的芳香最大限度地散发出来，人们通常在使用时将胡椒研磨成粉。煲汤时适量加入黑胡椒，能起到温补脾肾的作用，可以治疗由脾肾虚寒造成的晨起腹泻的症状。

❖ 白胡椒

　　白胡椒味道辛热、气味芳香，是人们常用的香料。相对于黑胡椒，白胡椒的药用价值稍高，调味作用则稍次，煲汤时使用白胡椒可以起到散寒、健胃的功效。它还可以去腥、解油腻，其独特的气味能令人胃口大开、增进食欲；并可促使人发汗，治疗风寒感冒。加有白胡椒的菜品不易变质，说明它还有防腐抑菌的作用。

❖ 混合香料

　　混合香料是小茴香、大茴香、八角茴香、桂皮、丁香、花椒、甘草、陈皮、沙姜等各种辛香料的混合物，常见于辛辣口味的菜肴和汤煲中，用来提味、增味。混合香料特别适合用于猪肉、牛肉或者家禽等煲的汤。混合香料集中了各种香料的特点，用其煲的汤气味芳香，有健脾温中、提高机体抵抗力、消炎、利尿的作用。

营养汤烹调技巧全披露

煲汤虽然看起来简单，但是想煲出营养美味的汤，仍然需要很多的烹饪技巧。下面几种常用的技巧是很多美食爱好者在平时煲汤时总结出来的，相信掌握了这些小技巧，为家人准备营养可口的靓汤会更加容易。

材料分量要计算

原材料分量的拿捏，以每个人所需分量乘以食用总人数为最理想的计算方式。其中，肉类、海鲜平均每人150克，蔬果类平均每人200克，粮食类食材平均每人100克。

煮汤配水要合理

在家煲汤，基本水量可按家中饮汤的人数，乘以每人喝的碗数来计算。如：家中共4人，每人想喝2碗汤，共计8碗（每碗约220毫升），所需水量即1760毫升。

依照预定煲煮时间，每小时再增加10%水量（补充煮的过程中蒸发掉的水），如此就可计算出每次煲汤所需的总水量。例如：煮1个小时的水量是1760毫升×1.1，煮2个小时的水量是1760毫升×1.2，以此类推。

另外，最好在煲煮前将水量加足，避免中途加水破坏汤料的鲜美。

如果是快速滚汤与羹汤，时间较短，汤水不会很快蒸发，所以只需以喝汤人数的总水量乘以1.08计算即可。例如，家中有4人，每人喝2碗汤，共计 8 碗，每人用水约220毫升，总用水量为1760毫升，因此煮汤所需的水量是1760毫升×1.08，约为1900毫升。如此加入材料快煮后，即可得到每人喝2碗量的汤。

隔水蒸炖的汤由于水分不会蒸发掉，因此直接以喝汤人数乘以每人碗数，总量1：1即可。例如，家中4人，每人喝2碗汤，共计8碗，每碗约220毫升，共计1760毫升。因此隔水炖汤的总水量即1760毫升，煲出的汤亦是每人2碗。

火候大小要适当

一般说的煲汤，多指长时间的熬煮，此时火候就是它成功的唯一要素。

煲的诀窍在于：武火煲开，文火煲透。

武火是以汤中央"起菊心——像一朵盛开的大菊花"为度，每小时消耗水量约20% 。文火是以汤中央呈"菊花心——像一朵半开的菊花心"为准，耗水量约每小时10%，如此煲制，便不会出错。

煲汤时间要控制

研究证明，煲汤时间适度加长确实有助于营养物质的释放和吸收，但时间过长会对营养成分造成一定破坏。一般来说，煲汤材料以含蛋白质较高的食物为主时，加热时间不宜过长，否则容易破坏氨基酸，营养反而降低。另外，加热时间过长，会使食物中的维生素有不同程度的损失，尤其是维生素C，遇热极易被破坏，煮20分钟后几乎所剩无几。

1.蔬菜汤：如果汤里要放蔬菜，需等汤煲好以后随放随吃，以减少维生素的损失。

2.畜肉汤：煲 1~1.5 个小时即可。

3.鱼肉汤：较细嫩，煲汤时间不宜过长，煮至汤发白即可。

4.药膳汤：滋补药材煮得过久营养会分解，从而失去补益价值，应控制在40分钟左右。

盐放多了要补救

当汤做咸了，可以加水稀释。不过，加水在冲淡咸味的同时也使汤的美味冲淡了，且使汤变多，一时难以喝完。如采取以下方法可在不冲淡汤的美味的同时，使咸味减轻。

1.土豆去咸味法：菜汤过咸了，可在汤里放入1个土豆，煮5分钟后，汤就变淡了。

2.鸡蛋去咸味法：在汤里打入1个鸡蛋，因为鸡蛋可以吸收汤里的咸味，尤其在做豆酱汤时，加入1个鸡蛋会使汤的味道更好。

3.豆腐与西红柿去咸味法：可以在汤里下几块豆腐或西红柿片，咸味就淡了。

4.面粉去咸味法：在一个小布袋里面装上面粉（或煮熟的大米饭），扎紧后放入汤里煮一下，就可吸收掉多余的盐分，使汤变淡。

冷水热水要区分

炖肉宜用热水，而熬骨头汤则宜用冷水。

肉味鲜美是因为肉中富含谷氨酸、肌苷等"增鲜物质"。若用热水炖肉，可使肉块表面的蛋白质迅速凝固，肉内的"增鲜物质"就不易渗入汤中，炖好的肉不会特别鲜美。而熬骨头汤，就是为了喝汤，用冷水、小火慢熬，可延长蛋白质的凝固时间，使骨肉中的"增鲜物质"充分渗入汤中，汤才鲜美。

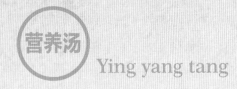

营养汤
Ying yang tang

PART 2

看功效喝营养汤，
很贴切

每种食材都有它独特的功效，
食材的营养在慢火熬炖中充分析出。
本章根据营养功效介绍了相应的营养汤，
在满足口腹的同时，也带来营养和健康。

健脑益智汤

中医理论认为人类智能的产生和保持，与各脏腑的功能有关。因此，健脑益智汤煲的保健在于注重对人体内各脏腑的调摄，对心、脾、肾三脏尤其着重。

通过滋补汤的调养，可以养心血、开心窍、补脾气、滋肾阴，以达到健脑益智的目的。实践证明，经常进食健脑益智类食物，不仅可以促进青少年的脑部发育，还能促进中风患者的脑功能恢复，同时对健康人改善和补充脑营养，也能起到一定的作用。

常见食物

常见的健脑益智类食物有粳米、荞麦、核桃、葡萄、菠萝、荔枝、桂圆、红枣、百合、山药、黑木耳、黑芝麻、墨鱼、深海鱼、猪羊脑等。

核桃花生双豆汤

[原料]
排骨块155克，核桃仁70克，水发赤小豆45克，花生仁55克，水发眉豆70克

[调料]
盐2克

[做法]
1 锅中注水烧开，放入洗净的排骨块，汆煮片刻，捞出。
2 砂锅中注水烧开，倒入排骨块、眉豆、核桃仁、花生仁、赤小豆，拌匀。
3 加盖，大火煮开后转小火煮3小时至熟。
4 揭盖，加入盐，稍稍搅拌至入味。
5 关火后盛出煮好的汤，装入碗中即可。

扫一扫看视频 时间：182分钟

核桃花生木瓜排骨汤 ⏱ 时间：182分钟

[原料]

排骨块…………………300克
青木瓜…………………150克
核桃仁……………………30克
花生仁……………………30克
红枣………………………25克
姜片………………………少许

[调料]

盐…………………………2克

[做法]

1 洗净的青木瓜去皮切块。

2 锅中注水烧开，倒入洗净的排骨块，汆煮片刻，关火后将汆煮好的排骨块沥干水分，装盘备用。

3 砂锅中注水，倒入排骨块、青木瓜、姜片、红枣、花生仁、核桃仁，拌匀，加盖，大火煮开转小火煮3小时至食材熟透。

4 揭盖，加入盐，搅拌片刻至入味，关火后盛出煮好的汤，装入碗中即可。

扫一扫看视频

 TIPS

核桃含有蛋白质、不饱和脂肪酸、维生素E、钙、镁、硒等营养成分，具有益智健脑的作用。

黑豆核桃乌鸡汤

时间：182分钟

[原料]

乌鸡块·······················350克
水发黑豆·····················80克
水发莲子·····················30克
核桃仁·······················30克
红枣·························25克
桂圆肉·······················20克

[调料]

盐···························2克

[做法]

1　锅中注水烧开，倒入乌鸡块，汆煮片刻，捞出待用。

2　砂锅中注水，倒入乌鸡块、黑豆、莲子、核桃仁、红枣、桂圆肉，拌匀。

3　加盖，大火煮开转小火煮3小时至食材熟软。

4　揭盖，加入盐，搅拌片刻至入味。

5　关火，盛出煮好的汤，装入碗中即可。

扫一扫看视频

核桃仁具有健脑的作用，黑豆和乌鸡富含优质蛋白。此汤营养丰富，能够益智健脑，提高记忆力。

杏仁虫草鹌鹑汤

[原料]

鹌鹑200克，杏仁8克，蜜枣10克，冬虫夏草3克，高汤适量

[调料]

盐、鸡粉各2克，料酒5毫升

[做法]

1. 沸水锅中放入处理好的鹌鹑，略煮一会儿，汆去血水，捞出备用。
2. 将鹌鹑放入炖盅，倒入备好的蜜枣、杏仁、冬虫夏草。
3. 注入适量高汤，加盐、鸡粉、料酒。
4. 将炖盅放入烧开的蒸锅中，盖上盖。
5. 用小火炖1小时至食材熟透，揭盖，取出即可。

 时间：62分钟 扫一扫看视频

蚕豆鸡蛋汤

[原料]

蚕豆100克，鸡蛋液80克，香菜、姜片、葱段各少许

[调料]

盐、鸡粉各2克，芝麻油5毫升

[做法]

1. 沸水锅中倒入姜片、葱段，放入洗净的蚕豆，煮至沸腾。
2. 加入盐、鸡粉，拌匀。
3. 将鸡蛋液打散，倒入其中稍煮，至鸡蛋凝固。
4. 淋入芝麻油，拌匀入味。
5. 关火后盛入碗中，点缀上香菜即可。

 时间：7分钟 扫一扫看视频

花生瘦肉泥鳅汤 时间：66分钟

[原料]

花生 ····················· 200克
瘦肉 ····················· 300克
泥鳅 ····················· 350克
姜片 ····················· 少许

[调料]

盐 ······················· 3克
胡椒粉 ···················· 2克

[做法]

1 处理好的瘦肉切成块，倒入沸水锅中，汆去血水杂质，待用。

2 砂锅中注水烧热，倒入瘦肉、花生、姜片，搅拌片刻。

3 盖上盖，烧开后转小火煮1个小时。

4 掀盖，倒入处理好的泥鳅，加盐、胡椒粉，搅匀调味。

5 再续煮5分钟，使食材入味，将煮好的汤盛出装入碗中即可。

扫一扫看视频

 TIPS

花生含有蛋白质、脂肪、糖类、维生素A、B族维生素等成分，能够益智健脑、润肠通便、增强免疫力。

平菇鱼丸汤

时间：7分钟

[原料]

平菇·····················95克
鱼丸·····················55克
上海青···················70克
葱花·····················少许
姜片·····················少许

[调料]

盐·······················2克
鸡粉·····················2克
胡椒粉···················2克
芝麻油···················5毫升

[做法]

1 材料洗净；鱼丸对半切开，切上十字花刀；平菇用手撕成小块；上海青切段。

2 沸水锅中倒入平菇，焯煮片刻至断生，捞出待用。

3 砂锅注水烧开，倒入鱼丸、姜片，拌匀。

4 加盖，用大火煮5分钟，至食材熟软。

5 揭盖，放入平菇、上海青，拌匀。

6 加入盐、鸡粉、胡椒粉，淋上芝麻油，拌匀入味。

7 关火后将煮好的汤水盛入碗中，再撒上葱花即可。

扫一扫看视频

TIPS

平菇、上海青富含维生素和矿物质，鱼丸含有丰富的优质蛋白，此汤营养丰富，能够益智健脑且提高免疫力。

核桃虾仁汤

[原料]

虾仁95克，核桃仁80克，姜片少许

[调料]

盐、鸡粉各2克，白胡椒粉3克，料酒5毫升，食用油适量

[做法]

1. 锅置于火上，注入适量食用油，放入姜片，爆香。
2. 倒入虾仁，淋入料酒，炒香，注入适量清水。
3. 加盖，煮约2分钟至沸腾。
4. 揭盖，放入核桃仁，加入盐、鸡粉、白胡椒粉拌匀。
5. 煮约2分钟至沸腾，关火后盛入碗中即可。

 扫一扫看视频　　　时间：5分钟

芥菜胡椒淡菜汤

[原料]

淡菜肉70克，芥菜100克

[调料]

盐、黑胡椒粉各2克，食用油适量

[做法]

1. 材料洗净，芥菜斜刀切成块。
2. 用油起锅，倒入芥菜，翻炒片刻，注水，煮约1分钟至沸腾。
3. 倒入淡菜肉，搅匀，加盐、黑胡椒粉，搅匀。
4. 煮约2分钟至食材熟软入味，关火后盛出即可。

时间：5分钟　　扫一扫看视频

健脑安神汤

 时间：31分钟

[原料]

麦冬20克，酸枣仁15克，远志少许

[做法]

1 锅中注入适量清水烧热，倒入洗净的麦冬。
2 放入备好的酸枣仁，撒上洗好的远志。
3 盖上盖，烧开后用小火煮约30分钟，至药材析出有效成分。
4 揭盖，搅拌几下，关火后盛出煮好的汤汁。
5 滤入杯中，待稍微冷却后即可饮用。

 扫一扫看视频

TIPS

麦冬含有麦冬皂苷、黄酮类化合物等成分，具有安眠益智、养心润肺的作用。

养心安神汤

中医认为心主神志，如果其功能正常，那么人就会精神饱满、意识清楚。如果心主神志的功能失常，轻者失眠、多梦、健忘、易怒、心神不宁，重者则神志昏迷、谵妄乱语。

常喝养心安神汤能有效缓解失眠、多梦等诸多心神不安的症状。

常见食物

黄豆营养全面，能养心安神，常喝豆浆有助于改善失眠。小麦甘润养心，食之可养心安神，减少或治疗心悸症状。莲子味甘性温，健脾安神。红枣能益气、养心、安神。猪心、羊心、鸡心等，根据以脏补脏原理，具有养心安神功效。

黄豆香菜汤

[原料]
水发黄豆220克，香菜30克

[调料]
盐少许

[做法]

1 材料洗净，香菜切长段。

2 砂锅中注水烧热，倒入黄豆，盖上盖，大火烧开后转小火煮30分钟。

3 揭盖，按压几下，再撒上香菜，搅散。

4 盖盖，小火续煮10分钟，揭盖，搅拌几下，盛出黄豆汤。

5 将汤汁滤在碗中，饮用时加盐，拌匀即可。

扫一扫看视频　时间：42分钟

牛奶莲子汤

时间：43分钟

[原料]

牛奶……………………250毫升
去芯莲子…………………… 100克

[调料]

白糖……………………… 15克

[做法]

1 砂锅中注水烧开，放入泡好的莲子。

2 盖上盖，用大火煮开后转小火续煮40分钟至熟软。

3 揭盖，加入白糖，拌匀至溶化。

4 倒入牛奶，稍煮片刻至入味。

5 关火后盛出煮好的甜汤，装碗即可。

扫一扫看视频

 TIPS

莲子含有蛋白质、钙、磷、铁等多种营养物质，可清心安神、滋补肝肾，通过调理脏腑改善睡眠质量。

白果腐竹汤

时间：132分钟

[原料]

水发腐竹·················· 100克
白果·······················40克
百合······················· 80克
水发黄豆·················· 100克
姜片·······················少许
葱段·······················少许

[调料]

盐··························2克

[做法]

1 洗净的腐竹切段。

2 砂锅中注水，倒入白果、黄豆、百合、姜片、葱段，拌匀。

3 加盖，大火煮开转小火煮2小时至有效成分析出。

4 揭盖，放入腐竹，拌匀，加盖，续煮10分钟至腐竹熟。

5 揭盖，加入盐，搅拌片刻至入味，关火后盛入碗中即可。

扫一扫看视频

 TIPS

腐竹、黄豆含有优质蛋白质、维生素E、大豆卵磷脂及钠、铁、钙等营养成分，具有保护心脏的作用。

木瓜莲子炖银耳

时间：113分钟

[原料]

泡发银耳·····················100克
莲子·························100克
木瓜·························100克

[调料]

冰糖·························20克

[做法]

1 银耳去根，切小块。

2 砂锅中注入适量清水，倒入银耳、泡发好的莲子，拌匀。

3 盖上盖，大火煮开之后转小火煮90分钟至食材熟软。

4 揭盖，放入切好的木瓜、冰糖，拌匀；盖上盖，小火续煮20分钟至析出有效成分。

5 揭盖，搅拌一下，关火后盛出炖好的汤料，装入碗中即可。

扫一扫看视频

 TIPS

莲子可以安神助眠、养心安神、益肾固精，搭配银耳、木瓜一起食用，可以改善睡眠质量、养心安神。

南瓜花生红枣汤 ⏱ 26分钟

[原料]

南瓜片·····················200克
花生·······················20克
红枣·························6个
枸杞·······················10克

[调料]

蜂蜜·······················15克

[做法]

1 砂锅中注入适量清水，倒入花生、红枣。

2 盖上盖，大火煮开之后转小火煮10分钟至食材熟软。

3 揭盖，放入备好的南瓜片、枸杞，拌匀。

4 盖上盖，转中小火煮15分钟至析出有效成分。

5 揭盖，倒入蜂蜜，拌匀，关火后盛出即可。

扫一扫看视频

 TIPS

红枣含有较多的蛋白质、氨基酸、糖类、有机酸，以及多种维生素和微量元素，它能够养血安神、补中益气。

莲子红枣煲香芋

[原料]

香芋300克，水发莲子20克，红枣20克，芡实15克，清汤200毫升

[调料]

盐、鸡粉、白糖、胡椒粉各1克，芝麻油少许

[做法]

1 洗净去皮的香芋切块状。

2 砂锅中注水烧开，倒入泡好的芡实，拌匀，加盖，用大火煮30分钟至熟软。

3 揭盖，倒入清汤，加入洗净的红枣、泡好的莲子、切好的香芋，拌匀。

4 加盖，用大火煮开后转小火续煮30分钟。

5 揭盖，加入盐、白糖、鸡粉、胡椒粉、芝麻油，拌匀，盛出即可。

时间：63分钟　扫一扫看视频

莲子银耳煲鸡

[原料]

鸡肉块150克，水发银耳100克，鲜百合35克，水发莲子40克，干玫瑰花、桂圆肉、红枣各少许

[调料]

盐少许

[做法]

1 沸水锅中倒入鸡肉块，汆去血水，捞出待用。

2 砂锅中注水烧热，倒入鸡肉块、莲子、银耳、桂圆肉、干玫瑰花、红枣、鲜百合，拌匀。

3 盖上盖，烧开后转小火煮150分钟。

4 揭盖，加入盐，拌匀、略煮，至汤汁入味。

5 关火后盛出煮好的鸡汤，装在碗中即可。

时间：152分钟　扫一扫看视频

枣仁补心血乌鸡汤

[原料]

酸枣仁、山药、枸杞、天麻、玉竹、红枣各适量，乌鸡块200克

[调料]

盐2克

[做法]

1. 将酸枣仁装进隔渣袋里，装入清水碗中，放入红枣、玉竹、天麻、山药，搅匀，泡10分钟。
2. 枸杞单独装碗，倒入清水泡发10分钟。
3. 捞出泡好的材料，沥干水分，装盘待用。
4. 沸水锅中倒入乌鸡块，汆去血水，捞出。
5. 砂锅注水，倒入乌鸡块、红枣、玉竹、天麻、山药、隔渣袋，加盖，用大火煮开后转小火煮100分钟；揭盖，加入枸杞，煮20分钟。
6. 加盐搅匀，盛出即可。

扫一扫看视频　时间：143分钟

莲藕猪心煲莲子

[原料]

猪心120克，口蘑100克，莲藕块80克，莲子30克，火腿10克，姜片、葱花各少许，高汤适量

[调料]

盐2克，食用油适量

[做法]

1. 洗净切片的口蘑入沸水锅煮至其断生后捞出。
2. 洗净切好的猪心入沸水锅汆去血水后捞出，过冷水，装盘待用。
3. 砂锅置火上，注油，放入姜片，爆香；倒入莲子、莲藕块、切碎的火腿、猪心，翻炒均匀。
4. 注入高汤没过食材，倒入口蘑拌匀，盖上盖，用大火烧开后转小火煮120分钟至食材熟透。
5. 揭盖，加盐调味，盛出后撒上葱花即可。

扫一扫看视频　时间：130分钟

参芪陈皮煲猪心 ⏱ 时间：125分钟

[原料]

猪心400克，瘦肉150克，胡萝卜200
克，党参20克，黄芪15克，陈皮少许

[调料]

盐3克

[做法]

1 材料洗净；胡萝卜去皮，切滚刀块；瘦肉、猪心切块。
2 锅中注水烧开，倒入猪心，搅匀氽去血水杂质，捞出沥干。
3 再倒入瘦肉，搅拌片刻，去除血水杂质，捞出沥干。
4 砂锅中注水，大火烧热，倒入猪心、瘦肉、胡萝卜块、党参、陈皮、黄芪，搅拌片刻。
5 盖上盖，烧开后转小火煮2个小时至药性析出。
6 掀盖，加盐，搅匀调味，将煮好的汤盛出装入碗中即可。

TIPS
扫一扫看视频

猪心具有增强免疫力、强壮心肌的作用，煲汤食用可以很好地养心安神。

保肝护眼汤

　　五官对应五脏，肝开窍于目，这是中医里面的精华亮点。我们时常熬夜久了，就会觉得眼睛很难受，容易上火。常常发怒或者有肝功能障碍者或多或少都有点眼睛干涩，时而看东西模糊不清。所以，保肝和护眼可以同时进行。

　　要保肝护眼的话，平时应注意饮食要营养全面，宜多吃富含植物蛋白质、维生素等"滋润清火"的食物。

常见食物

决明子有清肝明目及润肠的养生功效，能改善眼睛肿痛、红赤多泪的症状，防止视力减弱。有规律地吃猪肝等动物肝脏，据"以脏补脏"原理，可保肝护眼。

养生菌王汤

[原料]

金针菇100克，草菇80克，香菇75克，水发牛肝菌60克，葱段、姜片、香菜各少许

[调料]

盐、胡椒粉各2克，鸡粉1克，食用油适量

[做法]

1　材料洗净；金针菇切去根部；香菇去蒂，切片；草菇切去根部，对半切开。

2　草菇、香菇入沸水锅，氽烫1分钟，捞出待用。

3　用油起锅，放入葱段和姜片，倒入牛肝菌炒香。

4　放入草菇和香菇炒匀，注水加盖，大火煮开后转小火续煮30分钟。

5　揭盖，放入金针菇搅匀，加盐、鸡粉、胡椒粉，搅匀调味。

6　煮至金针菇熟软，关火后盛出，放上香菜。

扫一扫看视频　时间：37分钟

什锦杂蔬汤

⏱ 时间：133分钟

[原料]

西红柿·······················200克
去皮胡萝卜·················150克
青椒························50克
土豆························150克
玉米笋·······················80克
瘦肉························200克
姜片························少许

[调料]

盐·······················适量

[做法]

1　材料洗净；瘦肉、西红柿切块；胡萝卜、土豆切滚刀块；青椒去籽切块；玉米笋切段。

2　锅中注水烧开，倒入瘦肉，氽煮片刻，捞出待用。

3　砂锅中注水，倒入瘦肉、土豆、胡萝卜、玉米笋、姜片拌匀。

4　加盖，大火煮开转小火煮2小时至熟。

5　揭盖，加入西红柿、青椒，拌匀，加盖，续煮10分钟至熟。

6　揭盖，加入盐，稍稍搅拌至入味，关火后盛入碗中即可。

扫一扫看视频

 TIPS

胡萝卜、西红柿均含有丰富的胡萝卜素，能够润燥安神、养肝明目。

养血红枣猪肝汤 🕐 32分钟

[原料]

猪肝·························150克
红枣··························30克
姜片··························15克

[调料]

盐·····························1克
鸡粉···························2克
水淀粉······················10毫升
料酒··························5毫升
酱油·························15毫升
食用油·······················5毫升

[做法]

1 取处理好的猪肝，放入盐、鸡粉、水淀粉、料酒拌匀，腌渍10分钟。

2 砂锅中注水烧开，加入红枣、食用油、姜片，拌匀。

3 盖上盖，转中小火煮10分钟至食材熟软。

4 揭盖，倒入猪肝，淋入料酒，拌匀，盖上盖，大火煮5分钟至猪肝熟软。

5 揭盖，用勺子撇去浮沫，盖上盖，转中小火续煮10分钟至有效成分析出。

6 揭盖，加入酱油、鸡粉，拌匀入味，关火后盛入碗中即可。

扫一扫看视频

 TIPS

猪肝含有蛋白质、胆固醇、维生素A、卵磷脂、脑磷脂及矿物质钙、铁、磷、硒、钾等营养成分，能够保肝护眼。

参归猪肝汤

[原料]

猪肝500克，当归10克，党参10克，酸枣仁5克，姜片、葱段各少许

[调料]

料酒10毫升，盐2克，鸡粉2克，生抽4毫升

[做法]

1 处理干净的猪肝切成薄片。

2 猪肝入沸水锅，淋入料酒，汆煮片刻，捞出。

3 砂锅中注水烧热，倒入当归、党参、酸枣仁拌匀，盖上盖，大火煮40分钟至析出药性。

4 掀盖，将药渣捞干净，倒入猪肝、姜片、葱段，淋入料酒。

5 盖上盖，大火煮10分钟至熟。

6 掀盖，放入生抽、盐、鸡粉搅匀，盛出即可。

时间：52分钟　扫一扫看视频

黑枣枸杞炖鸡

[原料]

鸡肉400克，枸杞8克，黑枣5克，葱段、姜片各少许

[调料]

料酒8毫升，盐2克，鸡粉2克，胡椒粉适量

[做法]

1 锅中注水烧开，倒入鸡肉块，淋入料酒拌匀，汆去血水，捞出待用。

2 砂锅中注水烧热，倒入备好的姜片、葱段、黑枣，放入鸡肉，淋入料酒拌匀。

3 盖上盖，烧开后转小火煮90分钟至食材熟透。

4 揭盖，倒入枸杞，续煮10分钟。

5 加盐、鸡粉、胡椒粉，拌匀至入味，装入碗中即可。

时间：103分钟　扫一扫看视频

板栗鸡爪排骨汤

[原料]

板栗（去皮）100克，鸡爪8只，排骨250克，陈皮20克

[调料]

盐3克

[做法]

1. 锅中注水烧开，倒入已去甲并对半切开的鸡爪、洗净切好的排骨，搅拌均匀。
2. 汆煮约2分钟至去除血水及脏污，捞出待用。
3. 砂锅中注水烧开，倒入切半的板栗、鸡爪、排骨、陈皮，拌匀。
4. 盖上盖，用大火煮开后转小火续煮90分钟至食材熟透。
5. 揭盖，加入盐，拌匀至入味，关火后盛入碗中即可。

扫一扫看视频　时间：92分钟

决明子鸡肝苋菜汤

[原料]

苋菜200克，鸡肝50克，决明子10克

[调料]

盐2克，料酒5毫升

[做法]

1. 材料洗净；鸡肝切成片。
2. 鸡肝入沸水锅，淋入料酒，略煮，捞出待用。
3. 砂锅中注水烧热，倒入决明子，盖上盖，烧开后转中火煮30分钟至析出有效成分。
4. 揭盖，将药材捞干净，倒入苋菜煮软，放入鸡肝，略煮一会儿。
5. 加盐，拌匀至入味，盛出即可。

时间：32分钟　扫一扫看视频

鲜蔬腊鸭汤

 时间：62分钟

[原料]

腊鸭腿肉300克，去皮胡萝卜100克，去皮竹笋100克，菜心120克，姜片少许

[做法]

1 材料洗净；胡萝卜、竹笋切滚刀块。
2 锅中注水烧开，倒入腊鸭，汆煮片刻，捞出备用。
3 砂锅中注水，倒入腊鸭、竹笋、胡萝卜、姜片，拌匀。
4 加盖，小火煮1小时至食材熟软。
5 揭盖，倒入菜心，稍煮片刻至入味。
6 关火，盛出煮好的汤，装入碗中即可。

 扫一扫看视频

TIPS

胡萝卜含有胡萝卜素、维生素C、维生素E等营养成分，可补肝明目。

健脾养胃汤

脾与胃是人体的主要消化器官。经胃初步消化后的食物分为"清""浊"两部分。清者即津液，由脾吸收送至全身各处。其浊者，由胃下行至小肠，再行进一步消化。

当脾出现问题时，胃消化后的营养物质不能运输到身体各部，造成胃胀痛、食欲下降、消化不良等症；当胃出现问题时，容易出现脘痛、呕吐、嗳气、呃逆等症状。所以，健脾养胃很重要。

🧺 常见食物

想健脾养胃，就要在平时的饮食上多注意。大米、小米、玉米、红薯、黄豆、豆浆、薏米、猪肉、猪肚、牛肉、鸡肉、鹌鹑、鲫鱼、鳝鱼、黄花鱼、西红柿、胡萝卜、白萝卜、山药、包菜、莲藕、南瓜、山楂、木瓜等食材均有很好的健脾养胃的效果。

红枣芋头汤

[原料]

去皮芋头250克，红枣20克

[调料]

冰糖20克

[做法]

1 洗净的芋头切厚片，切粗条，改切成丁。

2 砂锅注水烧开，倒入芋头、洗好的红枣。

3 加盖，用大火煮开后转小火续煮15分钟至食材熟软。

4 揭盖，倒入冰糖，搅拌至溶化，关火后盛入碗中即可。

扫一扫看视频

时间：17分钟

金针白玉汤

时间: 3分钟

[原料]

豆腐·····················150克
大白菜··················120克
水发黄花菜···········100克
金针菇··················80克
葱花······················少许

[调料]

盐··························3克
鸡粉······················少许
料酒······················3毫升
食用油··················适量

[做法]

1. 材料洗净；金针菇切去老根；大白菜切细丝；豆腐切小方块；黄花菜去蒂。

2. 锅中注水烧开，加盐，放入豆腐块、黄花菜搅匀，煮约1分钟，捞出。

3. 用油起锅，倒入白菜丝、金针菇，炒至变软。

4. 淋入料酒，炒至白菜析出汁水，注水，盖上盖，大火煮沸。

5. 取盖，倒入焯煮过的食材搅匀。

6. 加盐、鸡粉拌匀，煮至入味，盛入碗中，撒上葱花即成。

扫一扫看视频

TIPS

黄花菜含有糖类、维生素C、钙、脂肪、胡萝卜素、氨基酸等，能改善人体新陈代谢，健脾养胃。

桂花酸梅汤

 时间：63分钟

[原料]

乌梅 ························· 适量
桂花 ························· 适量
陈皮 ························· 适量
山楂 ························· 适量
甘草 ························· 适量
洛神花 ······················ 适量

[调料]

冰糖 ························· 适量

[做法]

1 将甘草、洛神花装进隔渣袋中，放入装有清水的碗中。

2 倒入山楂、陈皮、乌梅，搅拌均匀，将汤料泡发8分钟，捞出待用。

3 砂锅注入1000毫升清水，倒入泡发好的汤料，搅匀。

4 加盖，用大火煮开后转小火续煮45分钟至汤料有效成分析出。

5 揭盖，放入冰糖，搅拌至冰糖溶化。

6 倒入桂花，搅匀，加盖，煮约15分钟至汤品入味。

7 揭盖，关火后盛出煮好的酸梅汤，装碗即可。

扫一扫看视频

 TIPS

乌梅去油解腻，陈皮理气健脾，山楂健胃消食，几种食材一起便煲出了具有健脾开胃作用的美味好汤。

清润八宝汤

时间：122分钟

[原料]

排骨·····················250克
莲藕·····················200克
去皮胡萝卜·············130克
水发薏米·················110克
水发芡实·················95克
水发莲子·················80克
百合·····················60克
无花果···················4个
姜片·····················少许

[调料]

盐·······················1克

[做法]

1 材料洗净；胡萝卜切滚刀块；莲藕切成块；排骨切段。

2 排骨入沸水锅，汆去血水及脏污，捞出待用。

3 砂锅注水，倒入排骨、莲藕、胡萝卜、薏米、百合、姜片、莲子、芡实、无花果，拌匀。

4 加盖，用大火煮开后转小火续煮2小时至入味。

5 揭盖，加入盐，拌匀调味，关火后盛出即可。

扫一扫看视频

TIPS

薏米含有蛋白质、脂肪、纤维、钙、铁、镁等营养物质，具有健脾利湿、清热排脓、改善皮肤新陈代谢等功效。

红枣山药排骨汤

时间：73分钟

【原料】

山药	185克
排骨	200克
红枣	35克
蒜头	30克
水发枸杞	15克
姜片	少许
葱花	少许

【调料】

盐	2克
鸡粉	2克
料酒	6毫升
食用油	适量

【做法】

1 材料洗净；山药去皮，切滚刀块。

2 锅中注水烧开，倒入排骨，汆去血水和杂质，捞出待用。

3 用油起锅，倒入姜片、蒜头，爆香，倒入排骨，快速炒匀。

4 淋上料酒，注入清水至没过食材，拌匀。

5 倒入山药块、红枣，拌匀，盖上盖，大火煮开后转小火炖1个小时。

6 掀盖，倒入枸杞拌匀，盖上盖，大火再炖10分钟。

7 掀盖，加盐、鸡粉炒匀，关火后盛入碗中，撒上葱花即可。

扫一扫看视频

TIPS

山药含有B族维生素、钙、铁等成分，同时还富含淀粉质，具有健脾胃、聚肾气的功效，可以促进消化与吸收。

健脾利水排骨汤 ⏱ 时间：122分钟

[原料]

排骨······300克
香菇······100克
玉米块······100克
板栗仁······100克
杏鲍菇······100克
冬瓜······100克
胡萝卜······100克

[调料]

盐······4克

[做法]

1. 材料洗净；香菇去蒂，切丝；杏鲍菇切片；冬瓜、胡萝卜切成小块。
2. 取出电饭锅，通电后倒入排骨、香菇、玉米块、板栗仁、杏鲍菇、冬瓜、胡萝卜。
3. 倒水至没过食材，搅匀。
4. 按下"功能"键，调至"靓汤"状态，煮2小时。
5. 按下"取消"键，加盐，搅匀调味，断电后盛出即可。

 TIPS

扫一扫看视频

本道汤品中使用的均是富含维生素和矿物质等营养成分的食材，能很好地保健脾胃。

芥菜胡椒猪肚汤

 时间：92分钟

[原料]

熟猪肚125克，芥菜100克，红枣30克，
姜片少许

[调料]

胡椒粉5克，盐、鸡粉各2克

[做法]

1 猪肚切粗条；洗净的芥菜切块。

2 砂锅中注水烧开，倒入猪肚、芥菜、姜片、红枣拌匀。

3 加盖，大火煮开后转小火煮1小时。

4 揭盖，加入胡椒粉拌匀，加盖，续煮30分钟至食材熟透入味。

5 揭盖，加入盐、鸡粉，搅拌片刻，关火后盛入碗中即可。

扫一扫看视频

TIPS

猪肚含有蛋白质、维生素以及多种矿物质，有健脾胃、补虚损、通血脉等作用。

养肝健脾神仙汤

[原料]

灵芝、山药、枸杞、小香菇、麦冬、红枣各适量，乌鸡块200克

[调料]

盐2克

[做法]

1　将香菇倒入水中浸泡30分钟；枸杞、灵芝、麦冬、红枣分别倒入水中泡发5分钟。

2　洗净的乌鸡块放入沸水锅中，汆煮片刻，盛出待用。

3　砂锅中注水，放入乌鸡块、香菇、灵芝、山药、麦冬、红枣拌匀。

4　加盖，大火煮开转小火煮100分钟。

5　揭盖，倒入枸杞，拌匀，加盖，续煮20分钟。

6　揭盖，加盐搅匀，盛出即可。

时间：153分钟　扫一扫看视频

芹菜鲫鱼汤

[原料]

芹菜60克，鲫鱼160克，砂仁8克，制香附10克，姜片少许

[调料]

盐、鸡粉、胡椒粉各1克，料酒5毫升，食用油适量

[做法]

1　材料洗净；芹菜切段；鲫鱼两面切一字花刀。

2　用油起锅，放入鲫鱼，稍煎2分钟至表面微黄。

3　用姜片爆香，淋入料酒，注水，倒入砂仁、制香附搅匀，加盖，大火煮开后转小火煮1小时。

4　揭盖，倒入芹菜，加盖，煮10分钟。

5　揭盖，加盐、鸡粉、胡椒粉拌匀即可。

时间：73分钟　扫一扫看视频

润肺止咳汤

润肺止咳是指使用养阴润肺的食物来缓解阴虚咳嗽等症状。咳嗽是人体一种保护性防御功能。通过咳嗽，可以排出呼吸道的分泌物或侵入气管内的异物。仅有咳嗽而无痰的称为干咳，可见于多种疾病。

🧺 常见食物

银耳、山药、白萝卜、百合、绿豆、甘草、荸荠、芋头等都是不错的润肺食物。切忌同食辣、咸食物。需要特别注意的是，食用新鲜水果和蔬菜一定要适量，过食或暴食也会影响身体健康；新鲜水果含糖量往往较高，老年人及糖尿病患者、心脑血管疾病患者尤需慎食。

百合木瓜汤

［原料］
水发百合20克，水发银耳20克，去皮木瓜40克，去皮梨子半个，莲子适量

［调料］
白糖20克

［做法］
1 材料洗净；梨子去核，切小块；木瓜切小块；银耳去除根部，切小块。
2 取出电饭锅，打开盖子，通电后倒入百合、银耳、木瓜、梨子、莲子。
3 倒入白糖，加入适量清水至没过食材，拌匀。
4 盖上盖子，按下"功能"键，调至"甜品汤"状态，煮2小时至汤品入味。
5 按下"取消"键，打开盖子，盛出即可。

扫一扫看视频

时间：121分钟

百合雪梨养肺汤

 时间：15分钟

[原料]

雪梨·······························80克

百合·······························20克

枇杷·······························50克

[调料]

白糖·······························20克

[做法]

1 洗净去皮的雪梨切开，去核，切成小块。

2 洗好的枇杷切开，去核，切成小块。

3 锅中注水烧开，倒入雪梨、枇杷，煮至熟软。

4 加入百合，再倒入白糖调味。

5 搅拌匀，用小火炖煮10分钟至熟。

6 关火后把煮好的汤料盛入碗中即可。

扫一扫看视频

TIPS

雪梨含有苹果酸、柠檬酸、维生素、胡萝卜素等营养成分，具有润肺清燥、止咳化痰、养血生肌等作用。

红薯莲子银耳汤

⏱ 时间：47分钟

[原料]

红薯130克，水发莲子150克，水发银耳
200克

[调料]

白糖适量

[做法]

1　材料洗净；银耳切去根部，撕成小朵；红薯去皮，切成丁。

2　砂锅中注水烧开，倒入莲子、银耳。

3　盖上盖，烧开后改小火煮约30分钟，至食材变软。

4　揭盖，倒入红薯丁拌匀，盖盖，小火煮约15分钟，至食材熟透。

5　揭盖，加白糖拌匀，转中火，煮至溶化，关火后盛出即可。

扫一扫看视频

TIPS

莲子、银耳均具有益肺、益肾和固肠的作用，本品有润肺止咳之功效。

牛蒡双雪汤

[原料]

梨子115克，水发银耳75克，去皮胡萝卜75克，去皮牛蒡85克，排骨块200克

[调料]

盐2克

[做法]

1 材料洗净；梨子去核，切块；牛蒡去皮，切厚片；胡萝卜去皮，切滚刀块。

2 锅中注水烧开，倒入排骨块，汆煮片刻，捞出待用。

3 砂锅中注水烧热，倒入排骨块、牛蒡片、梨块、胡萝卜块、银耳，搅拌均匀。

4 加盖，大火煮开后转小火煮3小时至食材熟透。

5 揭盖，加盐，稍稍搅拌至入味，关火后盛入碗中即可。

时间：182分钟　扫一扫看视频

芡实百合香芋煲

[原料]

水发芡实50克，鲜百合30克，切好的芋头100克，虾仁6个，牛奶250毫升

[调料]

鸡粉、盐各3克

[做法]

1 砂锅中注水，倒入芡实，加盖，大火煮开后转小火煮30分钟，再揭盖，倒入芋头拌匀，加盖，大火煮开后转小火煮20分钟。

2 揭盖，加百合、牛奶拌匀，中火煮开转小火，倒入洗净已去虾线的虾仁，煮至转色。

3 加盐、鸡粉拌匀，煮开后盛出即可。

时间：60分钟　扫一扫看视频

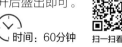

苹果银耳莲子汤 ⏱ 时间：122分钟

[原料]

水发银耳……………………180克
苹果…………………………140克
水发莲子……………………80克
瘦肉…………………………75克
干百合………………………15克
陈皮…………………………少许
姜片…………………………少许
水发干贝……………………25克

[调料]

盐……………………………2克

[做法]

1 材料洗净；苹果去皮切成小瓣，去核；莲子去除莲心；瘦肉切成块。

2 锅中注水烧开，放入瘦肉块，氽煮一会儿，捞出待用。

3 砂锅中注水烧热，倒入备好的瘦肉块、苹果、莲子、银耳、干贝、干百合。

4 放入姜片，倒入陈皮，搅散、拌匀。

5 盖上盖，烧开后转小火煮约120分钟，至食材熟透。

6 揭盖，加盐拌匀，大火略煮至入味，关火后盛出即成。

扫一扫看视频

 TIPS

银耳含有海藻糖、多缩戊糖、甘露糖醇、钙、磷、铁、钾等多种营养成分，能够滋阴润肺、止咳化痰。

甘草麦枣瘦肉汤

⏱ 时间：62分钟

[原料]

水发小麦·····················35克
瘦肉块·····················150克
红枣·······················15克
甘草························5克
姜片·······················少许

[调料]

盐·························2克
鸡粉·······················2克
料酒·······················适量

[做法]

1 锅中注水烧开，倒入瘦肉块，淋入料酒略煮，汆去血水，捞出备用。

2 砂锅中注水烧开，倒入小麦、甘草、瘦肉、红枣、姜片，淋入料酒。

3 盖上盖，用大火煮开后转小火煮1小时至食材熟透。

4 揭盖，加入盐、鸡粉，拌匀调味，关火后盛出装入碗中即可。

扫一扫看视频

 TIPS

甘草的主要成分是甘草酸，能够和中缓急、润肺、解毒、调和诸药，可润肺止咳。

麦冬甘草白萝卜汤 时间：72分钟

[原料]

水发小麦	80克
排骨	200克
甘草	5克
红枣	35克
白萝卜	50克

[调料]

盐	3克
鸡粉	2克
料酒	适量

[做法]

1 材料洗净；白萝卜去皮，切成块。

2 锅中注水烧开，放入排骨，淋入料酒，汆去血水，捞出备用。

3 砂锅中注水烧开，倒入排骨、甘草、小麦，盖上盖，大火煮开后转小火煮1小时。

4 揭盖，放入白萝卜、红枣，淋入料酒，再盖上盖，续煮10分钟至食材熟透。

5 揭盖，加入盐、鸡粉，拌匀调味，关火后盛出即可。

扫一扫看视频

TIPS

麦冬能润肺止咳、滋阴生津，甘草能润肺止咳、和中缓急，此汤可用于缓解咽干肺热、咳嗽、肺结核等症。

夏枯草猪肺汤

[原料]

猪肺80克，夏枯草12克，姜片、葱段各少许

[调料]

盐、鸡粉各少许，料酒3毫升

[做法]

1 将洗净的猪肺切开，再切块，备用。

2 锅中注水烧热，倒入猪肺拌匀，淋入料酒，煮约5分钟捞出，置于水中清洗后再捞出。

3 砂锅中注水烧热，倒入猪肺，放入夏枯草、葱段、姜片，淋入料酒拌匀。

4 盖上盖，烧开后转小火煮30分钟至食材熟透。

5 揭盖，加盐、鸡粉拌匀，略煮至汤汁入味，关火后盛出即成。

 时间：32分钟　扫一扫看视频

沙参玉竹心肺汤

[原料]

猪心160克，猪肺100克，玉竹15克，沙参8克，姜片、葱花各少许

[调料]

盐、鸡粉各2克，料酒6毫升

[做法]

1 材料洗净；猪肺、猪心切开，改切成小块。

2 锅中注水烧热，倒入猪肺、猪心，淋入料酒拌匀，中火煮约5分钟，汆去血水后捞出。

3 放入清水中，清洗干净，捞出后沥干。

4 砂锅中注水烧热，倒入玉竹、沙参、姜片。

5 倒入汆过水的材料，淋入料酒，盖上盖，烧开后用小火煮约40分钟。

6 揭盖，加盐、鸡粉拌匀，关火后盛出，撒上葱花即可。

 时间：47分钟　扫一扫看视频

补肾固精汤

肾是与人体生殖、生长发育、消化、内分泌代谢等都有直接或间接关系的重要脏器。古往今来的医家认为：肾虚是老年人患病、衰老的主要原因之一。

早期有效地调补人体的阴阳、气血、脏腑功能的失调，及时排出毒素、纠正肾虚证是延缓衰老、预防老年病的关键所在。

🧺 常见食物

常见的补肾固精的食物有枸杞、山药、莲子、蛤蜊、鹿肉、动物肾脏、瘦肉、白萝卜、胡萝卜、冬瓜、西红柿、柑橘、柿子、牛奶、豆制品、魔芋、土豆、莴苣、南瓜、苹果、柿子等。

萝卜排骨浓汤

[原料]

白萝卜100克，排骨300克，葱花3克，姜片5克

[调料]

盐2克

[做法]

1. 材料洗净；白萝卜去皮，再切块。
2. 锅中注水烧开，放入排骨，汆去血水，捞出。
3. 备好电饭锅，倒入排骨、白萝卜、姜片。
4. 注水漫过食材，盖上盖，按下"功能"键，调至"靓汤"状态，定时为1个小时。
5. 按下"取消"键，掀盖，放入盐、葱花搅匀，盛出即可。

扫一扫看视频　🕐 时间：62分钟

淡菜筒骨汤

时间：123分钟

[原料]

竹笋································100克
筒骨································120克
水发淡菜干·····················50克

[调料]

盐·································1克
鸡粉·······························1克
胡椒粉·····························2克

[做法]

1. 材料洗净，竹笋切小段。
2. 沸水锅中放入筒骨，汆煮约2分钟，捞出待用。
3. 砂锅注水烧热，放入筒骨、淡菜干、竹笋，搅匀。
4. 加盖，用大火煮开后转小火续煮2小时至汤水入味。
5. 揭盖，加入盐、鸡粉、胡椒粉，搅匀调味，盛出即可。

TIPS

淡菜含有蛋白质、不饱和脂肪酸、钙、磷、铁、锌等营养成分，具有补肾益精、保护大脑、提高免疫力等作用。

当归红枣猪蹄汤

[原料]

猪蹄200克，白扁豆、黄豆各20克，红枣10克，当归、黄芪、党参各5克，姜片少许

[调料]

盐2克，料酒5毫升

[做法]

1 将当归、黄芪装进隔渣袋里，放入清水碗中，加入党参、红枣，一同泡发10分钟，捞出沥水；黄豆、白扁豆泡发2小时后，捞出，沥水。

2 沸水锅中倒入洗净的猪蹄，加入料酒，汆煮至去除血水，捞出沥干。

3 砂锅中注入适量清水，倒入猪蹄，放入隔渣袋，倒入红枣、党参。

4 加入泡好的黄豆、白扁豆、姜片，加盖，用大火煮开后转小火续煮120分钟，加入盐，搅匀即可。

扫一扫看视频　　　时间：123分钟

家常羊腰汤

[原料]

羊腰子100克，生地黄30克，杜仲20克，水发枸杞15克，核桃仁60克，葱花、姜片各少许

[调料]

盐2克，鸡粉2克，胡椒粉、食用油各适量

[做法]

1 材料洗净；羊腰子去除筋膜，斜刀切开。

2 羊腰子入沸水锅，汆去血水，捞出待用。

3 用油起锅，用姜片爆香，放入羊腰子炒匀。

4 注水没过食材，倒入核桃仁、生地黄、杜仲，大火煮开转小火煮2小时，倒入枸杞拌匀，小火煮10分钟，放盐、胡椒粉、鸡粉调味。

5 关火后盛出，撒上葱花即可。

　时间：132分钟

芸豆羊肉汤 时间：53分钟

[原料]

羊肉300克，水发芸豆100克，桂皮15克

[调料]

盐3克，鸡粉3克，胡椒粉少许

[做法]

1 将洗净的羊肉切条，改切块。

2 锅中注水烧开，倒入羊肉，煮沸，汆去血水，捞出待用。

3 砂锅注水，倒入羊肉、芸豆、桂皮搅匀，加盖，大火烧开后用小火炖50分钟。

4 揭盖，放入盐、鸡粉、胡椒粉，拌匀调味，关火后盛出即可。

TIPS 扫一扫看视频

羊肉含有蛋白质、矿物质、维生素和烟酸等营养成分，具有益肾、填精等作用。

白萝卜羊脊骨汤

[原料]

羊脊骨185克，去皮白萝卜150克，火腿50克，香菜、葱段、姜片、八角各少许

[调料]

盐3克，鸡粉2克，胡椒粉2克，食用油适量

[做法]

1 材料洗净；去皮白萝卜斜刀切块；火腿切片。

2 羊脊骨入沸水锅，氽去血水，捞出待用。

3 热锅注油烧热，倒入火腿片炒香，倒入姜片、葱段、八角，快速炒香。

4 加水，倒入羊脊骨、白萝卜，稍煮片刻，将食材装入砂锅中置于火上，盖上盖，大火煮沸。

5 揭盖，将浮沫撇去，转小火煮1小时至熟透。

6 掀盖，加盐、鸡粉、胡椒粉拌匀，盛出即可。

时间：66分钟

杜仲牛尾补肾汤

[原料]

牛尾段270克，杜仲30克，枸杞、姜片、香菜叶各少许

[调料]

盐、鸡粉、黑胡椒粉各2克，料酒7毫升

[做法]

1 杜仲用清水洗净并浸泡约5分钟；沸水锅中放入洗净的牛尾段，氽煮去除血水和脏污，捞出。

2 砂锅中注水烧开，放入牛尾段，放入洗净的杜仲，加入姜片，淋入料酒，搅散，加盖，用大火煮开后转小火煲煮100分钟至牛尾段变软。

3 揭盖，放入洗净的枸杞，搅匀，再加盖，续煮10分钟至汤水入味；揭盖，加入盐、鸡粉、黑胡椒粉调味，关火后盛出，放上香菜即可。

扫一扫看视频

时间：112分钟

芡实炖牛鞭　⏱ 时间：63分钟

[原料]

芡实·······················25克
牛鞭·······················400克
姜片·······················少许
葱段·······················少许

[调料]

盐·························2克
鸡粉·······················2克
料酒·······················适量

[做法]

1 砂锅中注水，放入姜片、牛鞭，淋入料酒，盖上盖，大火煮30分钟。

2 揭盖，捞出牛鞭，放凉，切成段。

3 砂锅中注水烧开，倒入芡实、牛鞭、姜片、葱段，淋入料酒。

4 盖上盖，用大火煮开后转小火煮1小时至食材熟透。

5 揭盖，放入盐、鸡粉拌匀，关火后盛出即可。

TIPS

芡实含有蛋白质、粗纤维、维生素C、胡萝卜素、钙、磷、铁等成分，具有益肾填精、健脾止泻等功效。

强筋壮骨汤

骨骼是人体最重要的组成部分，骨骼越强壮，身体越结实，生活才越健康。现在骨质疏松症已成为世界各国的多发病、常见病。

中医认为骨质疏松主要由肾虚造成，肾虚会影响骨和髓，产生腰酸腿软、筋骨软弱等症状，相应的调理治疗应以补肾为主。从营养素方面来说，需要在饮食方面有意识地多摄取一些含钙多的食物。

常见食物

常用的强筋壮骨的食材有猪肉、猪心、猪肚、猪蹄筋、火腿、牛肉、牛乳、牛筋、牛鞭、羊肉、羊乳、鹿肉等肉类，它们均含有丰富的胶质蛋白和硬蛋白质；蛤蜊、海参、鲍鱼、鱿鱼、目鱼、青鱼、鲫鱼、鲤鱼、黑鱼、鲢鱼、鲳鱼、带鱼、虾、蟹、龟、甲鱼、干贝、淡菜等水产类；黄豆、黑大豆、扁豆等豆类；红参、党参、黄芪、当归、阿胶、百合、枸杞、山药、银耳等药食同源的食物。

双莲扇骨汤

［原料］

去皮莲藕300克，鲜莲子40克，猪扇骨500克，蜜枣15克，姜片少许

［调料］

盐、鸡粉各1克

［做法］

1 材料洗净；莲藕去皮，切块。

2 锅中注水烧开，倒入猪扇骨，汆煮2分钟，捞出待用。

3 砂锅置火上，注水，倒入猪扇骨、莲藕、蜜枣、莲子、姜片，搅匀。

4 加盖，大火煮开后转小火煮40分钟。

5 揭盖，加盐、鸡粉，搅匀调味，关火后盛入碗中即可。

扫一扫看视频

时间：43分钟

大麦排骨汤

 时间：92分钟

[原料]

水发大麦·····················200克
排骨·························250克

[调料]

盐···························2克
料酒·························适量

[做法]

1. 材料洗净，锅中注水烧开，倒入排骨，淋入料酒，汆煮片刻，捞出备用。
2. 砂锅中注水烧开，倒入排骨、大麦，淋入料酒拌匀。
3. 加盖，大火煮开转小火煮90分钟至析出有效成分。
4. 揭盖，加盐拌匀，关火后盛入碗中即可。

扫一扫看视频

TIPS

排骨含有蛋白质、维生素A、B族维生素、磷酸钙、骨胶原等营养成分，具有益气补血、强健骨骼等功效。

淮山板栗猪蹄汤

 时间：121分钟

[原料]

猪蹄⋯⋯⋯⋯⋯⋯⋯500克
板栗⋯⋯⋯⋯⋯⋯⋯150克
淮山⋯⋯⋯⋯⋯⋯⋯少许
姜片⋯⋯⋯⋯⋯⋯⋯少许

[调料]

盐⋯⋯⋯⋯⋯⋯⋯⋯3克

[做法]

1 锅中注水烧开，倒入猪蹄，余去血水，捞出待用。

2 砂锅中注水烧热，倒入猪蹄、淮山、板栗、姜片，搅拌片刻。

3 盖上盖，烧开后转小火煮2个小时至药性析出。

4 掀盖，撇去浮沫，加盐，搅匀调味，盛入碗中即可。

扫一扫看视频

 TIPS

板栗含有维生素C、铜、镁、叶酸、B族维生素、铁、磷
等成分，具有强筋健骨、益气补肾、健脾胃等功效。

山楂麦芽猪腱汤

[原料]
猪腱肉125克，麦芽12克，陈皮10克，山楂干25克

[调料]
盐2克，鸡粉少许，料酒6毫升

[做法]
1 材料洗净；猪腱肉切开，改切小块。
2 锅中注水烧开，倒入猪腱肉，淋入料酒，拌匀，汆去血渍，捞出待用。
3 砂锅中注水烧开，放入麦芽、猪腱肉，撒上备好的山楂干、陈皮，淋入少许料酒。
4 盖上盖，烧开后改小火煲煮约60分钟，至食材熟透。
5 揭盖，加盐、鸡粉拌匀，转中火再煮一小会儿，关火后盛入碗中即成。

时间：62分钟 扫一扫看视频

简易牛腱罗宋汤

[原料]
牛腱120克，去皮土豆100克，去皮胡萝卜30克，西红柿80克，包菜30克，白洋葱30克

[调料]
盐1克

[做法]
1 材料洗净；土豆、胡萝卜、西红柿去皮，切小块；白洋葱、包菜切小块；牛腱切块。
2 沸水锅中倒入牛腱，汆去血水，捞出待用。
3 锅置火上，注水烧热，倒入牛腱肉搅匀，大火煮开转小火煮20分钟。
4 倒入土豆、白洋葱、胡萝卜、西红柿、包菜搅匀。
5 用大火煮开后转小火煮40分钟至食材熟软。
6 加入盐，搅匀调味，关火后盛出即可。

时间：63分钟 扫一扫看视频

牛蹄筋牛蒡汤

 时间：72分钟

[原料]

去皮白萝卜200克，去皮牛蒡80克，熟
牛蹄筋220克，豆腐200克，姜片、枸杞
各少许

[调料]

盐2克

[做法]

1. 材料洗净；牛蒡去皮，切厚片；豆腐切块；白萝卜去皮，切块；
   熟牛蹄筋切块。

2. 砂锅中注水烧开，倒入牛蹄筋、白萝卜、牛蒡、姜片拌匀。

3. 加盖，大火煮开后转小火煮1小时至熟。

4. 揭盖，倒入豆腐块、枸杞拌匀，加盖，续煮10分钟至豆腐熟。

5. 揭盖，加盐，搅拌至入味，关火后盛入碗中即可。

扫一扫看视频

TIPS

牛蹄筋含有蛋白质、磷、胶
原蛋白等营养成分，具有益
气补虚、强筋健骨等功效。

鸡肉蔬菜香菇汤

[原料]

鸡肉20克，魔芋50克，油豆腐20克，去皮白萝卜50克，去皮胡萝卜30克，香菇20克，葱段8克，高汤适量

[调料]

盐1克，五香粉3克，生抽5毫升，芝麻油适量

[做法]

1. 材料洗净；鸡肉、魔芋切丁；胡萝卜、白萝卜切片；香菇切成4块；葱段切粒；油豆腐切小块。

2. 热锅中加入芝麻油烧热，放入鸡肉炒数下，倒入魔芋炒匀，放入白萝卜、胡萝卜炒匀，倒入葱粒，翻炒2分钟至食材变软。

3. 倒入高汤搅匀，放入油豆腐、香菇搅匀，煮约2分钟至食材熟软。

4. 加盐、生抽，搅匀调味，关火后盛出，撒上五香粉即可。

 时间：7分钟

桑葚乌鸡汤

[原料]

乌鸡400克，竹笋80克，桑葚8克，姜片、葱段各少许

[调料]

料酒7毫升，盐2克

[做法]

1. 材料洗净；竹笋去皮，切薄片。

2. 笋片入沸水锅，煮约3分钟，捞出备用。

3. 乌鸡肉入沸水锅，汆去血水后捞出。

4. 砂锅中注水烧开，倒入姜片、葱段、桑葚、乌鸡肉、笋片，淋入料酒拌匀，盖上盖，烧开后转小火煮约90分钟至食材熟软。

5. 揭盖，加盐拌匀，盛出即可。

 时间：93分钟

 扫一扫看视频

美容养颜汤

　　为了使自己保持美丽青春的状态，人们选择使用各种化妆品对面部进行护理及修饰，但养颜应该是从内部开始调理，使面色红润光泽、肌肤细腻、双目有神，从而达到美化容貌、常保青春的效果。只有注重后天的保养才能拥有健康完美的肌肤。

🧺 常见食物

常见的有美容养颜效果的食物有木瓜、苹果、胡萝卜、黄瓜、蜂蜜、绿豆、海带、苦瓜、木耳、荔枝、葡萄、西红柿、西瓜、草莓、柠檬、香蕉、牛奶、芹菜、红枣、黑芝麻等。

木瓜银耳汤

[原料]

木瓜200克，枸杞30克，水发莲子65克，水发银耳95克

[调料]

冰糖40克

[做法]

1　洗净的木瓜切块，待用。

2　砂锅注水烧开，倒入木瓜、银耳、莲子搅匀。

3　加盖，用大火煮开后转小火续煮30分钟至食材变软。

4　揭盖，倒入枸杞，放入冰糖，搅拌均匀。

5　加盖，续煮10分钟至入味，盛出即可。

扫一扫看视频　🕐 时间：43分钟

红枣竹荪养颜汤

 时间：42分钟

[原料]

红枣⋯⋯⋯⋯⋯⋯⋯⋯3颗
水发竹荪⋯⋯⋯⋯⋯⋯5根
水发莲子⋯⋯⋯⋯⋯⋯130克

[调料]

冰糖⋯⋯⋯⋯⋯⋯⋯⋯40克

[做法]

1 砂锅注水，倒入泡好的莲子、竹荪、红枣。

2 加入冰糖，搅拌均匀。

3 加盖，用大火煮开后转小火续煮40分钟至食材熟软。

4 揭盖，关火后盛出甜汤，装碗即可。

扫一扫看视频

 TIPS

红枣含有蛋白质、有机酸、胡萝卜素、钙、磷、铁等营养成分，具有补中益气、养血安神、养颜美容等功效。

绿豆薏米祛痘汤 时间：32分钟

[原料]

绿豆…………………100克
薏米…………………100克
山楂…………………20克

[做法]

1 砂锅中注水烧开，倒入泡好的绿豆、薏米。
2 倒入山楂，拌匀。
3 盖上盖，用大火煮开后转小火续煮30分钟至食材熟软。
4 揭盖，搅拌一下。
5 关火后盛出煮好的汤，装碗即可。

扫一扫看视频

TIPS

薏米含有蛋白质、纤维素、钙、铁、镁等多种营养物质，可清热排脓、改善皮肤新陈代谢，有美容养颜的作用。

花生眉豆煲猪蹄

⏱ 时间：182分钟

[原料]

猪蹄····················400克
木瓜····················150克
水发眉豆··············100克
花生·····················80克
红枣·····················30克
姜片·····················少许

[调料]

盐·······················2克
料酒···················适量

[做法]

1 洗净的木瓜切开，去籽，切块。

2 锅中注水，倒入猪蹄，淋入料酒，汆煮至转色，捞出待用。

3 砂锅中注水，倒入猪蹄、红枣、花生、眉豆、姜片、木瓜，搅拌均匀。

4 加盖，大火煮开转小火煮3小时至食材熟软。

5 揭盖，加入盐，搅拌至入味，盛出即可。

扫一扫看视频

 TIPS

猪蹄含有胶原蛋白、维生素A、B族维生素、维生素C、钙、磷、铁等营养成分，具有美容养颜、延缓皮肤衰老、减缓骨质疏松等功效。

白果猪皮美肤汤

[原料]

白果12颗，甜杏仁10克，猪皮条100克，葱花、葱段、姜片、八角、花椒各适量

[调料]

料酒、盐、芝麻油各少许

[做法]

1 猪皮条入沸水锅，拌匀，加入八角、花椒。

2 焯煮5分钟至去除腥味和脏污，捞出猪皮待用。

3 砂锅中注水，放入猪皮、甜杏仁、白果、姜片、葱段拌匀。

4 大火煮开，加料酒拌匀。

5 加盖，用小火煮30分钟至食材熟透。

6 揭盖，加盐拌匀，盛入碗中，淋入芝麻油，撒上葱花即可。

扫一扫看视频

时间：35分钟

清炖牛腩汤

[原料]

牛腩块270克，胡萝卜120克，白萝卜160克，葱条、姜片、八角各少许

[调料]

料酒8毫升

[做法]

1 胡萝卜、白萝卜洗净切滚刀块。

2 锅中注水烧开，倒入洗好的牛腩块，淋入少许料酒，拌匀，用大火煮2分钟，撇去浮沫，捞出。

3 砂锅中注水烧开，放入葱条、姜片、八角，倒入牛腩块，淋入料酒，盖上盖，烧开后用小火煲约2小时。

4 揭盖，倒入胡萝卜块、白萝卜块，盖上盖，小火续煮约30分钟，至食材熟透，揭盖，搅拌几下，再拣出八角、葱条和姜片，盛出即成。

扫一扫看视频
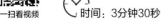
时间：3分钟30秒

雪蛤油木瓜甜汤

⏱ 时间：32分钟

[原料]

木瓜 ……………………… 160克

水发西米 ……………… 110克

红枣 …………………………… 45克

水发雪蛤油 ……………… 90克

椰奶 …………………… 30毫升

[做法]

1 洗净的木瓜去皮，切成丁，待用。

2 砂锅中注入适量清水，倒入洗净的西米、红枣、雪蛤油拌匀。

3 加盖，大火煮开后转小火煮30分钟至熟。

4 揭盖，加入木瓜丁、椰奶，稍煮片刻至沸腾。

5 关火后盛出煮好的汤，装入碗中即可。

扫一扫看视频

 TIPS

木瓜含有维生素A、B族维生素、维生素C及多种氨基酸、矿物质，具有美容养颜、保护肠胃、预防便秘等功效。

消脂瘦身汤

　　消脂瘦身不仅能使外表体型更美观，还是保持健康身体的重要方面。但是在减肥过程中，应确保用正确的方式健康瘦身：每天至少吃500克蔬菜和水果；尽可能选择粗粮类食品，比如野稻米、燕麦等；每天食用250克奶制品；每天摄取一些健康油脂，如橄榄油、葵花籽油、亚麻籽油等；每天食用至少100克肉类、禽类、鱼类、蛋类、粮食豆类或黄豆类食物以保证蛋白质的摄入量；限制食物中添加的糖和酒精的量。

常见食物

常见的可帮助消脂瘦身的食物有香菇、节瓜、包菜、海带、蘑菇、竹笋、萝卜、橄榄油、葵花籽油、亚麻籽油、肉类、禽类、鱼类、蛋类、粮食豆类或黄豆类食物。

青菜香菇魔芋汤

[原料]

魔芋手卷180克，上海青110克，香菇30克，去皮胡萝卜130克，浓汤宝20克，姜片、葱花各少许

[调料]

盐2克，鸡粉、胡椒粉各3克，食用油适量

[做法]

1　材料洗净；解开魔芋手卷的绳子；香菇切十字花刀；上海青对半切开；胡萝卜去皮切片。

2　魔芋手卷放入清水中浸泡片刻，捞出待用。

3　用油起锅，放入姜片爆香，倒入胡萝卜片、香菇炒香，放入浓汤宝，注水，煮2分钟至沸腾。

4　倒入魔芋手卷、上海青拌匀，加盐、鸡粉、胡椒粉，搅拌至入味。

5　关火后盛入碗中，撒上葱花即可。

扫一扫看视频

时间：6分钟

节瓜西红柿汤

 时间：6分钟

[原料]

节瓜·······················200克
西红柿·····················140克
葱花·······················少许

[调料]

盐·························2克
鸡粉·······················少许
芝麻油·····················适量

[做法]

1 将洗好的节瓜切开，去除瓜瓤，再改切段。

2 洗净的西红柿切开，再切小瓣。

3 锅中注入适量清水烧开，倒入切好的节瓜、西红柿。

4 搅拌匀，用大火煮约4分钟，至食材熟软。

5 加入少许盐、鸡粉，注入适量芝麻油，拌匀、略煮。

6 关火后盛出煮好的西红柿汤，装在碗中，撒上葱花即可。

扫一扫看视频

 TIPS

西红柿口感酸甜，含有维生素A、维生素C、维生素B以及钙、磷等多种矿物质，具有减肥瘦身、消除疲劳等功效。

南瓜圣女果排毒汤

[原料]

小南瓜230克，圣女果70克，去皮胡萝卜45克，苹果110克

[调料]

蜂蜜30克

[做法]

1 材料洗净；胡萝卜切滚刀块；苹果切块；小南瓜切大块。

2 砂锅中注水烧开，倒入胡萝卜、苹果、小南瓜、圣女果，拌匀。

3 加盖，大火煮开后转小火煮30分钟至熟。

4 揭盖，加入蜂蜜拌匀，关火后盛入碗中即可。

扫一扫看视频 时间：32分钟

海带紫菜冬瓜汤

[原料]

水发海带200克，冬瓜肉170克，水发紫菜90克

[调料]

盐、鸡粉各2克，芝麻油适量

[做法]

1 将洗净的冬瓜肉去皮，切片；洗好的海带切成细丝。

2 砂锅中注水烧开，放入冬瓜片、海带丝，搅散，大火煮沸。

3 盖上盖，转中小火煮约10分钟，至食材熟透。

4 揭盖，倒入洗净的紫菜，搅散，加盐、鸡粉。

5 搅匀，放入芝麻油，续煮至汤汁入味。

6 关火后将煮好的汤盛入碗中即可。

扫一扫看视频 时间：13分钟

蘑菇竹笋汤

⏱ 时间：12分钟

[原料]

竹笋⋯⋯⋯⋯⋯⋯⋯⋯90克
水发姬松茸⋯⋯⋯⋯⋯70克
口蘑⋯⋯⋯⋯⋯⋯⋯⋯70克
红枣⋯⋯⋯⋯⋯⋯⋯⋯3颗
葱花⋯⋯⋯⋯⋯⋯⋯⋯少许

[调料]

盐⋯⋯⋯⋯⋯⋯⋯⋯⋯2克
鸡粉⋯⋯⋯⋯⋯⋯⋯⋯2克
芝麻油⋯⋯⋯⋯⋯⋯⋯适量

[做法]

1 材料洗净；竹笋、口蘑切成片；姬松茸切去蒂，撕成小块。
2 竹笋、口蘑、姬松茸入沸水锅，汆煮后捞出。
3 锅中注水烧开，倒入汆好的食材、红枣，搅拌一下。
4 盖上盖，大火煮开后转小火煮10分钟至熟。
5 揭盖，加盐、鸡粉，搅拌至入味，淋上芝麻油拌匀。
6 将煮好的汤盛出装入碗中，撒上葱花即可。

TIPS

口蘑、竹笋中的大量植物纤维有防止便秘、促进排毒、预防糖尿病及大肠癌、降低胆固醇含量的作用。

鳝鱼竹笋汤

时间：4分钟

[原料]

鳝鱼·····················150克
竹笋·····················100克
干香菇···················10克
鸡蛋·····················50克
瘦肉·····················25克
陈皮·····················5克
姜片·····················3克

[调料]

盐·······················2克
生抽·····················4毫升
芝麻油···················3毫升
食用油···················适量

[做法]

1 材料洗净；将陈皮、干香菇分别放入碗中，注入开水，泡软。

2 竹笋、瘦肉切条；鳝鱼去头切丝；香菇去蒂切丝；陈皮、姜片切丝。

3 鸡蛋打入碗中，打散，搅匀成蛋液，待用。

4 锅中注水烧开，倒入竹笋、瘦肉拌匀，略煮片刻，捞出待用。

5 再将鳝鱼倒入，汆煮去除血水，捞出待用。

6 热锅注油烧热，倒入适量清水，加入竹笋、瘦肉、鳝鱼、香菇、陈皮、姜丝，拌匀煮熟。

7 加盐、生抽拌匀，倒入蛋液、芝麻油拌匀，盛入碗中即可。

扫一扫看视频

 TIPS

竹笋含有丰富的氨基酸，多为人体所需，能消除水肿，吸附食物油脂，是减肥圣品。

萝卜丝煲鲫鱼

时间：32分钟

[原料]

鲫鱼	500克
白萝卜	150克
胡萝卜	80克
姜丝	少许
葱花	少许

[调料]

盐	3克
鸡粉	2克
胡椒粉	适量
料酒	适量

[做法]

1 洗净去皮的白萝卜、胡萝卜切片，再切丝。

2 砂锅中注水，放入处理好的鲫鱼，加入姜丝，淋入料酒。

3 盖上盖，大火煮10分钟。

4 揭盖，倒入胡萝卜、白萝卜，盖上盖，小火续煮20分钟。

5 揭盖，加盐、鸡粉、胡椒粉拌匀，盛入碗中，撒上葱花即可。

扫一扫看视频

 TIPS

白萝卜含有膳食纤维、维生素C、叶酸、钙、磷、铁、钾等营养成分，具有促进消化、瘦身排毒等功效。

降压降脂汤

高血压、高血脂是困扰大多数中老年朋友多年的问题。患者除了按医嘱坚持服药，还要配合健康饮食，切勿食用过多的动物脂肪和含胆固醇高的食物，如猪油、肥肉、蛋黄、动物内脏、鱼子等；注意饮食的合理搭配；保证蛋白质、维生素的摄入量；多吃新鲜蔬菜和水果。

平时吃饭搭配一些降压降脂汤是不错的选择，既能达到降压降脂的效果，又能享受汤的营养美味。

🧺 **常见食物**

降压食物：菠菜、绿豆、黑木耳、荸荠、葫芦、蚕豆花等。

降脂食物：蔬菜、水果、豆类食物、燕麦、海蜇、牛奶、酸奶、海参、蛤蜊、田鸡、鲤鱼、草鱼、大黄鱼、鲢鱼等。

绿豆冬瓜海带汤

[原料]
冬瓜350克，水发海带150克，水发绿豆180克，姜片少许

[调料]
盐2克

[做法]
1 材料洗净；冬瓜切块；海带切块。
2 砂锅注水烧开，倒入冬瓜、海带、绿豆、姜片，拌匀。
3 加盖，用大火煮开后转小火续煮2小时至熟软。
4 揭盖，加入盐，拌匀调味，关火后盛出即可。

扫一扫看视频　⏱ 时间：122分钟

红枣银耳汤

⏱ 时间：15分钟

[原料]

水发银耳·······················40克
红枣·······························25克
枸杞·······························适量

[调料]

白糖·······························适量

[做法]

1 泡发洗净的银耳切去黄色根部，再切成小块，备用。

2 锅中注入适量清水烧开，倒入备好的红枣、银耳，盖上锅盖，烧开后转小火煮10分钟至食材熟软。

3 揭开锅盖，倒入备好的枸杞，搅拌均匀，稍煮片刻。

4 加入白糖，搅拌至溶化，将煮好的甜汤盛出即可饮用。

扫一扫看视频

 TIPS

银耳富含膳食纤维，可促进胃肠蠕动，减少脂肪吸收，降低血脂。

西蓝花玉米浓汤

 时间：6分钟

[原料]

玉米·······················100克
西蓝花······················100克
黄油·························8克
奶油·························8克
牛奶·······················150毫升

[调料]

盐···························1克
胡椒粉························2克
淀粉·························10克

[做法]

1 材料洗净；玉米用刀削成粒；西蓝花切成小块。

2 锅置火上，倒入黄油，煮至溶化。

3 放入淀粉拌匀，加入奶油拌匀，加入牛奶拌匀。

4 注水，加入玉米粒，大火煮2分钟至熟。

5 加盐、胡椒粉拌匀，倒入西蓝花拌匀。

6 煮2分钟至熟软，关火后盛出即可。

扫一扫看视频

 TIPS

西蓝花含有纤维素、维生素C、维生素A、B族维生素、钙、磷、铁等营养物质，能够保护心血管、降压降脂。

五色杂豆汤

⏱ 时间：132分钟

[原料]

水发黄豆·······················80克
水发黑豆·······················80克
水发绿豆·······················80克
水发红豆·······················70克
水发眉豆·······················90克
蜜枣·····························5克
陈皮·····························1片

[调料]

冰糖·····························30克

[做法]

1 砂锅中注水，倒入黑豆、红豆、黄豆、眉豆、绿豆、蜜枣、陈皮，拌匀。

2 加盖，大火煮开转小火煮2小时。

3 揭盖，加入冰糖，拌匀，加盖，煮10分钟至冰糖溶化。

4 揭盖，搅拌至入味，关火后盛出即可。

扫一扫看视频

 TIPS

黄豆含有植物蛋白、脂肪、碳水化合物、钙、磷、镁、钾等多种营养物质，可降压降脂，防止动脉硬化。

豆芽蟹肉棒杏鲍菇汤

 时间：4分钟

[原料]

黄豆芽50克，杏鲍菇40克，蟹肉棒20克

[调料]

生抽4毫升

[做法]

1 材料洗净；杏鲍菇、蟹肉棒切成小块。

2 豆芽、蟹肉棒、杏鲍菇倒入碗中，倒入清水，淋入生抽拌匀。

3 用保鲜膜将碗盖住，放入微波炉中，关上炉门。

4 定时3分钟20秒，按下"开始"键启动微波炉。

5 待时间到打开炉门，将汤取出，揭去保鲜膜即可。

扫一扫看视频

TIPS

豆芽含有维生素C、膳食纤维、纤维素等成分，具有增强免疫力、降压降脂等效。

牛蒡萝卜排骨汤

[原料]
排骨段270克，牛蒡150克，白萝卜220克，干百合30克，枸杞10克，芡实12克，姜片、葱段各少许

[调料]
盐2克

[做法]

1. 材料洗净；牛蒡去皮，斜刀切段；白萝卜去皮，斜刀切块。
2. 锅中注水烧开，倒入排骨段，拌匀，汆煮一会儿，捞出待用。
3. 砂锅中注水烧热，倒入排骨、牛蒡、白萝卜、芡实、干百合、枸杞、姜片、葱段，拌匀。
4. 盖上盖，烧开后转小火煮120分钟。
5. 揭盖，加盐，拌匀，中火煮至入味，关火后盛出即可。

时间：122分钟　　扫一扫看视频

虫草香菇排骨汤

[原料]
排骨300克，水发香菇10克，冬虫夏草10克，红枣8克

[调料]
盐、鸡粉各2克，料酒10毫升

[做法]

1. 排骨入沸水锅，淋入料酒拌匀，略煮后捞出。
2. 砂锅置火上，倒入排骨、红枣、冬虫夏草，注水，淋入料酒，拌匀。
3. 大火煮开后倒入香菇，拌匀，盖上盖，煮开后转小火煮2小时。
4. 揭盖，加盐、鸡粉拌匀，盛出即可。

时间：125分钟　　扫一扫看视频

莴笋筒骨汤

⏱ 时间: 145分钟

[原料]

去皮莴笋·····················200克
筒骨·····················500克
黄芪·····················30克
枸杞·····················30克
麦冬·····················30克
姜片·····················少许

[调料]

盐·····················1克
鸡粉·····················1克

[做法]

1 材料洗净；莴笋切滚刀块。

2 沸水锅中放入筒骨，汆烫约2分钟，捞出待用。

3 砂锅中注水烧热，放入筒骨、麦冬、黄芪、姜片，搅匀。

4 加盖，用大火煮开后转小火续煮2小时至汤水入味。

5 揭盖，倒入莴笋搅匀，加盖，续煮20分钟至莴笋熟软。

6 揭盖，放入枸杞稍煮片刻，加盐、鸡粉调味后，盛出即可。

扫一扫看视频

 TIPS

莴笋含有较多的维生素A、胡萝卜素、钾等营养成分，还含有大量的胆碱，能减少胆固醇在人体内的堆积。

筒子骨土豆汤

[原料]

筒子骨200克，豆腐150克，土豆80克，西红柿50克，葱花3克

[调料]

盐3克，鸡粉3克，食用油适量

[做法]

1 材料洗净；豆腐切小块；土豆去皮切丁；西红柿切小块。

2 筒子骨、土豆、豆腐倒入电饭煲，再放入食用油，注水。

3 盖盖，调至"靓汤"状态，时间定为2小时。

4 按下"取消"键，倒入西红柿搅匀。

5 盖盖，调至"靓汤"状态，时间定为10分钟。

6 按下"取消"键，加鸡粉、盐、葱花搅匀。

7 将煮好的汤盛出装入碗中即可。

时间：132分钟 扫一扫看视频

蛤蜊豆腐海鲜汤

[原料]

蛤蜊300克，豆腐150克，海带150克

[调料]

盐3克，海鲜酱5克，食用油适量

[做法]

1 材料洗净；豆腐、海带切小块。

2 备好电饭锅，加入蛤蜊、海带、海鲜酱、食用油，搅拌片刻。

3 注水至漫过食材，盖上盖，按下"功能"键，调至"靓汤"，定时1小时。

4 按下"取消"键，打开盖，倒入豆腐，盖上盖，继续焖煮10分钟至入味。

5 按下"取消"键，打开盖，加盐，搅拌调味，盛出即可。

时间：72分钟 扫一扫看视频

滋阴润燥汤

所谓滋阴，是指滋养阴液，适用于阴虚潮热、盗汗，或热盛伤津而见舌红、口燥等症。所谓燥，燥症分内燥、外燥两种，外燥是外感燥气致病，内燥是内脏津液亏损致病。

🧺 常见食物

能够缓解症状、滋阴润燥的食物有：鸡肉、鸭肉、乌骨鸡等禽肉类；菠菜、莲藕、萝卜、蘑菇、银耳等蔬菜类；海参、蛤蜊、墨鱼、甲鱼等水产类；梨、甘蔗、红枣、板栗等。

鸡毛菜肉末汤

[原料]
鸡毛菜185克，肉末90克，葱段、姜片各少许

[调料]
盐、鸡粉各1克，胡椒粉2克，料酒5毫升，食用油适量

[做法]
1 洗净的鸡毛菜切去根部，切成两段。
2 用油起锅，倒入肉末，翻炒数下至稍微转色。
3 放入葱段和姜片，炒香，加入料酒、适量清水、盐。
4 煮约2分钟至即将沸腾，倒入鸡毛菜，搅匀。
5 加鸡粉、胡椒粉，搅匀调味，稍煮片刻，关火后盛出即可。

扫一扫看视频　🕐 时间：5分钟

腊肉萝卜汤

 时间：92分钟

【 原料 】

去皮白萝卜	200克
胡萝卜块	30克
腊肉	300克
姜片	少许

【 调料 】

盐	2克
鸡粉	3克
胡椒粉	适量

【 做法 】

1 洗净的白萝卜切厚块；腊肉切块。

2 锅中注水烧开，倒入腊肉，氽煮片刻，捞出备用。

3 砂锅中注水，倒入腊肉、白萝卜、姜片、胡萝卜块，拌匀。

4 加盖，大火煮开后转小火煮90分钟至食材熟透。

5 揭盖，加盐、鸡粉、胡椒粉，拌匀至入味，关火后盛出即可。

 TIPS

扫一扫看视频

白萝卜含有蛋白质、膳食纤维、胡萝卜素、铁、钙、磷等营养成分，具有清热生津、滋阴润燥等功效。

黑豆玉米须瘦肉汤

时间：42分钟

[原料]

水发黑豆100克，瘦肉80克，玉米须8
克，姜片、葱花各少许

[调料]

盐、鸡粉各少许，料酒4毫升

[做法]

1 将洗净的瘦肉切条；锅中注水烧开，倒入瘦肉条、料酒，汆去血水，捞出。

2 砂锅中注水烧热，倒入汆过水的瘦肉，放入洗净的黑豆、备好的玉米须。

3 撒上姜片，淋入料酒，烧开后用小火煮约40分钟。

4 加盐、鸡粉，拌匀调味，盛出装碗，撒上葱花即成。

扫一扫看视频

TIPS

本品含有蛋白质、不饱和脂肪酸、B族维生素等营养成分，具有补肾益阴的功效。

藕片猪肉汤

[原料]

莲藕200克，猪瘦肉50克，香菇5克，葱花3克

[调料]

盐、鸡粉各3克，食用油适量

[做法]

1 材料洗净；莲藕、猪瘦肉切片。

2 取电饭锅，加入藕片、香菇、瘦肉、食用油，注水拌匀。

3 盖上盖，按"功能"键，选择"靓汤"功能，时间定为1小时。

4 按"取消"键断电，开盖，加鸡粉、盐、葱花，搅拌至入味，盛出即可。

时间：62分钟　扫一扫看视频

墨旱莲枸杞煲瘦肉

[原料]

瘦肉100克，墨旱莲3克，枸杞5克，姜丝少许

[调料]

料酒8毫升，盐2克

[做法]

1 锅中注水烧开，倒入瘦肉块，淋入料酒，搅匀，氽去血水，捞出待用。

2 砂锅中注水烧开，倒入墨旱莲、姜丝、瘦肉，淋入料酒，搅匀。

3 盖上盖，烧开后转小火煮90分钟。

4 揭盖，倒入枸杞，加盐，盛出即可。

时间：95分钟　扫一扫看视频

猴头菇荷叶冬瓜鸡汤

时间：92分钟

[原料]

鸡肉块……………………200克
猴头菇……………………25克
冬瓜肉……………………100克
干荷叶……………………少许
水发芡实…………………90克
水发薏米…………………110克
水发干贝…………………50克
姜片………………………8克

[调料]

盐…………………………少许

[做法]

1 材料洗净；冬瓜肉切滚刀块；猴头菇切小块。

2 分别将鸡肉、猴头菇倒入沸水锅中，汆煮一会儿，捞出待用。

3 砂锅中注水烧热，将所有食材倒入锅中，搅散。

4 盖上盖，烧开后转小火煮约90分钟，至食材熟透。

5 揭盖，加盐，拌匀，中火煮至入味。

6 关火后盛出煮好的鸡汤，装在碗中即可。

扫一扫看视频

冬瓜有生津止渴、清热解毒、利水消痰的作用；鸡肉可温中补脾、补肾益精。本品有很好的滋阴润燥的作用。

鸡腿药膳汤

时间：132分钟

[原料]

鸡腿肉·····················195克
党参·······················34克
蜜枣·······················75克
水发薏米···················70克
姜片·······················少许

[调料]

盐·························2克
鸡粉·······················2克
胡椒粉·····················3克

[做法]

1 锅中注水烧开，倒入鸡腿肉，氽煮片刻捞出。

2 锅中注水烧开，放入鸡腿肉、姜片、蜜枣、党参、薏米拌匀。

3 加盖，大火煮开转小火煮130分钟至熟。

4 揭盖，加盐、鸡粉、胡椒粉，搅拌至入味。

5 关火后盛出煮好的汤，装入碗中即可。

TIPS

鸡腿含有蛋白质、脂肪、氨基酸、维生素A、B族维生素以及钾、钠、镁、磷等矿物质，具有滋阴润燥的作用。

扫一扫看视频

鱼头豆腐汤

[原料]

鱼头350克，豆腐200克，姜片、葱段各少许

[调料]

盐、胡椒粉各2克，鸡粉3克，料酒5毫升，食用油适量

[做法]

1 洗净的豆腐切块。

2 用油起锅，放入姜片爆香，倒入鱼头炒匀。

3 加入料酒，拌匀，倒入适量清水，倒入豆腐块，大火煮12分钟至汤汁呈奶白色。

4 加盐、鸡粉、胡椒粉拌匀，放入葱段拌匀，煮至入味。

5 关火后盛出即可。

扫一扫看视频 　时间：14分钟

鲫鱼莲藕汤

[原料]

莲藕150克，鲫鱼200克，水发木耳50克，葱花、姜片各少许

[调料]

盐3克，鸡粉2克，料酒、胡椒粉、食用油各适量

[做法]

1 材料洗净；鲫鱼的两面撒上盐，抹匀，淋上料酒，腌渍10分钟；莲藕去皮切片；木耳切碎。

2 鲫鱼入热油锅，煎香后放入姜片，稍稍搅拌，注水，倒入莲藕，大火煮开转小火煮15分钟。

3 倒入木耳搅匀，续煮5分钟，加盐、鸡粉、胡椒粉拌匀，关火后盛出，撒上葱花即可。

时间：32分钟 　扫一扫看视频

莲藕雪蛤汤

⏱ 时间：62分钟

[原料]

莲藕块200克，雪蛤干50克，百合20
克，莲子30克，红枣10克

[调料]

冰糖适量

[做法]

1　将泡发了12小时的雪蛤、泡发了1个小时的莲子、泡发了10分钟
　　的百合和红枣均捞出，沥干水分，装盘。

2　砂锅中注入1000毫升的清水烧开，放入莲藕、雪蛤、莲子、红
　　枣，搅拌片刻。

3　盖上锅盖，大火煮开后转小火煮40分钟。

4　掀开锅盖，再放入冰糖、百合，搅拌片刻，使冰糖溶化，再盖上
　　锅盖，小火续煮20分钟后揭开锅盖，再搅拌片刻即可。

TIPS

雪蛤含有大量的蛋白质，还含有9种维生素、13种微量元素，适合日常滋补食用。

利水除湿汤

利水除湿类食物以调节体内水液代谢、促进体内水分排出，以及治疗水湿证候为主要作用。常见的水湿证候有小便不利、水肿、淋症、腹水、痰饮、黄疸、湿疮、带下等病症。

常见食物

常用的利水除湿类食物有：玉米，健脾开胃，利水通淋；薏米，能健脾祛湿；赤小豆，能健脾利水，解毒消肿；冬瓜，清热利水，消肿解毒，生津除烦；鲫鱼，健脾利湿；马齿苋，清热祛湿，散血消肿；黄花菜，利湿、利尿；银鱼，健胃、益肺、利水。

腐竹花生马蹄汤

[原料]

水发腐竹80克，花生80克，去皮马蹄110克，水发冬菇45克，红枣30克，瘦肉100克，姜片少许

[调料]

盐2克

[做法]

1 材料洗净；马蹄去皮，对半切开；腐竹切段；冬菇去柄；瘦肉切大块。

2 锅中注水烧开，放入瘦肉块，氽煮片刻，关火后捞出待用。

3 砂锅中注水烧开，倒入瘦肉块、花生、马蹄、冬菇、腐竹、红枣、姜片，拌匀。

4 加盖，大火煮开后转小火煮40分钟至熟。

5 揭盖，加入盐，搅拌至入味，盛入碗中即可。

扫一扫看视频

时间：42分钟

肉丸冬瓜汤

⏱ 时间：5分钟

[原料]

冬瓜⋯⋯⋯⋯⋯⋯⋯235克
肉末⋯⋯⋯⋯⋯⋯⋯150克
姜片⋯⋯⋯⋯⋯⋯⋯少许
蒜末⋯⋯⋯⋯⋯⋯⋯少许
葱花⋯⋯⋯⋯⋯⋯⋯少许

[调料]

盐⋯⋯⋯⋯⋯⋯⋯⋯3克
鸡粉⋯⋯⋯⋯⋯⋯⋯3克
料酒⋯⋯⋯⋯⋯⋯⋯5毫升
芝麻油⋯⋯⋯⋯⋯⋯5毫升
生粉⋯⋯⋯⋯⋯⋯⋯40克
胡椒粉⋯⋯⋯⋯⋯⋯适量

[做法]

1 材料洗净；冬瓜去皮，切成片状。

2 肉末中加盐、鸡粉、胡椒粉、料酒、生粉、蒜末、葱花，拌匀，腌渍10分钟。

3 锅中注水烧开，倒入姜片、冬瓜片拌匀，煮至沸。

4 将肉末捏制成丸子，放入沸水中，煮至丸子浮起。

5 加盐、鸡粉、胡椒粉、芝麻油，搅拌至食材入味，盛出即可。

TIPS

冬瓜含有糖类、胡萝卜素、粗纤维、多种维生素和矿物质，具有清热解毒、利水除湿等作用。

凉薯胡萝卜鲫鱼汤

时间：69分钟

[原料]

鲫鱼·····················600克
去皮凉薯·················250克
去皮胡萝卜···············150克
姜片·····················少许
葱段·····················少许

[调料]

盐·······················2克
料酒·····················5毫升
食用油···················适量

[做法]

1　材料洗净；胡萝卜、凉薯切滚刀块；在鲫鱼身上划四道口子。

2　往鱼身上撒盐抹匀，淋入料酒，腌渍5分钟。

3　热锅注油，放入鲫鱼，煎2分钟至两面微黄。

4　加姜片、葱段爆香，注水，放入凉薯、胡萝卜，加盐，拌匀。

5　加盖，用中火焖1小时至入味。

6　揭盖，将鲫鱼盛入盘中，倒入汤汁即可。

扫一扫看视频

TIPS

鲫鱼含有蛋白质、维生素A、B族维生素、钙、磷、铁等营养成分，有利水除湿、养生健脾等功效。

干贝冬瓜芡实汤

 时间：62分钟

[原料]

冬瓜····················125克

排骨块··················240克

水发芡实·················80克

水发干贝·················30克

蜜枣······················3个

姜片·····················少许

[调料]

盐························2克

[做法]

1　洗净的冬瓜切块。

2　锅中注水烧开，倒入排骨块，氽煮片刻，捞出待用。

3　砂锅中注水，倒入排骨块、芡实、蜜枣、干贝、姜片，拌匀。

4　大火煮开转小火煮30分钟至熟。

5　揭盖，放入冬瓜块，拌匀，加盖，续煮30分钟至冬瓜熟。

6　揭盖，加入盐，搅拌至入味，关火后盛出即可。

扫一扫看视频

TIPS

冬瓜、芡实均具有利水除湿的作用，所以此汤能够调节体内水分代谢，除湿效果显著。

冬瓜花菇瘦肉汤

[原料]

冬瓜300克，水发花菇120克，瘦肉200克，虾米50克，姜片少许

[调料]

盐1克

[做法]

1　材料洗净；冬瓜、瘦肉切块；花菇去柄。

2　分别将瘦肉、花菇倒入沸水锅中汆煮后，捞出待用。

3　砂锅注水，倒入瘦肉、花菇、冬瓜块、虾米、姜片，拌匀。

4　加盖，大火煮开后转小火续煮2小时至入味。

5　揭盖，加入盐，拌匀调味，关火后盛出即可。

扫一扫看视频  时间：122分钟

芦笋银鱼汤

[原料]

芦笋80克，猪瘦肉100克，银鱼干60克，姜丝少许

[调料]

盐、胡椒粉各2克，鸡粉1克，水淀粉5毫升，料酒10毫升，食用油适量

[做法]

1　材料洗净；芦笋切去根部，剩余部分斜刀切段；瘦肉切片。

2　瘦肉片中加盐、胡椒粉、料酒、水淀粉、食用油，拌匀，腌渍10分钟。

3　沸水锅中倒入银鱼干，汆烫至去腥，捞出。

4　用油起锅，倒入瘦肉片，炒至转色，倒入姜丝，炒香。

5　加料酒、清水、芦笋、银鱼干搅匀，煮2分钟。

6　加盐、鸡粉、胡椒粉，搅匀调味，盛出即可。

扫一扫看视频 时间：15分钟

葛根赤小豆黄鱼汤

 时间：122分钟

[原料]

去皮胡萝卜 …………………… 90克
去皮葛根 …………………… 75克
水发赤小豆 …………………… 85克
瘦肉 …………………… 90克
水发白扁豆 …………………… 75克
水发眉豆 …………………… 55克
黄鱼块 …………………… 100克

[调料]

盐 …………………… 2克
食用油 …………………… 适量

[做法]

1 材料洗净；胡萝卜切滚刀块；瘦肉切块；去皮的葛根切厚片。

2 锅中注水烧开，倒入瘦肉块，汆煮片刻，捞出待用。

3 热锅注油，放入黄鱼块，煎约3分钟至两面微黄，盛出备用。

4 砂锅中注水烧开，倒入瘦肉块、黄鱼块、胡萝卜块、葛根、眉豆、白扁豆、赤小豆，拌匀。

5 加盖，大火煮开后转小火煮2小时至熟。

6 揭盖，加盐，搅拌至入味，关火后盛出即可。

扫一扫看视频

 TIPS

赤小豆含有脂肪酸、糖类、维生素A、B族维生素、烟酸、植物甾等营养成分，有养颜美容、利水消肿等功效。

补血补虚汤

老年人体质虚弱，女性易受月经失血、工作压力大影响，稍有不慎就会气血不足。通过合理的饮食，选择适当的食物调养是可以改善的。而补血必须先补铁，所以含铁丰富的食物一般都能补血。

🧺 常见食物

常用的食物有：黑豆，可以生血；发菜，其所含的铁质较高，煮汤可补血；胡萝卜，含胡萝卜素，对补血极有益；面筋、菠菜，铁质含量相当丰富，菠菜内还含有丰富的胡萝卜素；金针菜，铁质含量丰富；桂圆肉、红枣、猪血、鸭血、鱼类等食物也均能补血补虚。

桂圆红枣红豆汤

[原料]
桂圆干30克，红枣50克，水发红豆150克

[调料]
冰糖20克

[做法]
1 砂锅中注水烧开，放入桂圆干、红枣和红豆，搅拌匀。
2 盖上盖，大火烧开后转小火煮约60分钟，至食材熟透。
3 揭盖，放入适量的冰糖拌匀，中火煮至溶化。
4 关火后盛出煮好的红豆汤，装在碗中即可。

扫一扫看视频

🕐 时间：62分钟

调经补血汤

 时间：43分钟

[原料]

水发银耳⋯⋯⋯⋯⋯⋯⋯250克
红枣⋯⋯⋯⋯⋯⋯⋯⋯⋯50克

[调料]

白糖⋯⋯⋯⋯⋯⋯⋯⋯⋯15克

[做法]

1 泡好洗净的银耳切去黄色根部，改刀切小块。

2 砂锅中注水烧开，倒入银耳、红枣，拌匀。

3 盖上盖，用大火煮开后转小火续煮40分钟至熟软。

4 揭盖，加入白糖，拌匀至溶化，关火后盛出即可。

扫一扫看视频

TIPS

红枣含有蛋白质、脂肪、粗纤维、糖类、有机酸、黏液质和钙、磷、铁等营养元素，具有补血补虚的作用。

三色补血汤

[原料]

南瓜100克，水发银耳100克，水发莲子20克，红枣6颗

[调料]

红糖10克

[做法]

1. 材料洗净；南瓜切小块；银耳去除根部，切小块。
2. 取出电饭锅，通电后放入银耳、南瓜、莲子、红枣、红糖。
3. 倒入清水至没过食材，搅拌一下，盖上盖。
4. 按下"功能"键，调至"靓汤"状态，煮2小时至食材熟软入味。
5. 按下"取消"键，打开盖子，搅拌一下，断电后将煮好的甜品汤装碗即可。

扫一扫看视频　　⏱ 时间：121分钟

黑米补血甜汤

[原料]

黑米50克，海底椰2克

[调料]

冰糖30克

[做法]

1. 砂锅中注水烧开，倒入泡好的黑米，放入海底椰，拌匀。
2. 盖上盖，用大火煮开后转小火续煮40分钟至食材熟软入味。
3. 揭盖，加入冰糖，拌匀至冰糖溶化。
4. 关火后盛出煮好的汤，装碗即可。

⏱ 时间：43分钟　　扫一扫看视频

韭菜鸭血汤

 时间：3分钟

[原料]

鸭血300克，韭菜150克，姜片少许

[调料]

盐2克，鸡粉2克，芝麻油3毫升，胡椒
粉少许

[做法]

1 材料洗净；鸭血切片；韭菜切小段，备用。
2 锅中注水烧开，倒入鸭血，略煮一会儿，捞出待用。
3 锅中注水烧开，倒入姜片、鸭血，加盐、鸡粉。
4 放入韭菜段，加入少许芝麻油、胡椒粉，搅匀调味。
5 关火后将煮好的汤料盛出，装入碗中即可。

TIPS

扫一扫看视频

鸭血中含蛋白质、氨基酸、红细胞素等人体造血过程中不可缺少的物质。

茶树菇排骨鸡汤

[原料]

鸡肉100克，排骨100克，水发菜干25克，水发茶树菇25克

[调料]

盐3克

[做法]

1 沸水锅中倒入洗净的排骨，氽去血水和脏污，捞出待用。

2 取出电饭锅，通电后倒入鸡肉和排骨。

3 放入菜干和茶树菇，加水至没过食材，搅匀。

4 盖上盖子，按下"功能"键，调至"靓汤"状态，煮2小时至汤味浓郁。

5 按下"取消"键，揭盖，加盐搅匀，断电后将汤装碗即可。

扫一扫看视频

时间：122分钟

砂锅鲫鱼蚕豆汤

[原料]

鲫鱼165克，蚕豆80克，香菜、姜片、葱段各少许

[调料]

盐、鸡粉、胡椒粉各2克，料酒5毫升，食用油适量

[做法]

1 用油起锅，倒入处理好的鲫鱼，再放入姜片、葱段，炒出香味。

2 淋上料酒，稍煎片刻，至鲫鱼两面稍稍变色，捞出待用。

3 砂锅注水烧热，放入鲫鱼、蚕豆，拌匀。

4 加盖，大火煮开后转小火煮10分钟。

5 揭盖，撒上盐、鸡粉、胡椒粉，拌匀入味。

6 关火后盛入碗中，撒上香菜即可。

扫一扫看视频

时间：15分钟

橘皮鱼片豆腐汤

时间：7分钟

[原料]

草鱼肉·······················260克
豆腐···························200克
橘皮·····························少许

[调料]

盐·································2克
鸡粉·····························少许
胡椒粉·························少许

[做法]

1 材料洗净；将橘皮切细丝；草鱼肉切片；豆腐切小方块。

2 锅中注水烧开，倒入豆腐块拌匀。

3 大火煮约3分钟，加盐、鸡粉，拌匀调味。

4 放入鱼肉片，搅散，撒上适量胡椒粉。

5 转中火煮约2分钟，至食材熟透，倒入橘皮丝，拌煮出香味。

6 关火后盛出煮好的豆腐汤，装在碗中即可。

扫一扫看视频

草鱼肉质鲜美，含有蛋白质、脂肪、B组维生素、钙、磷、铁等营养物质，具有增强体质、补血补虚的作用。

黄花菜螺片汤

时间：22分钟

[原料]

水发黄花菜·················10克
水发螺片·················30克
姜片·················少许

[调料]

盐·················3克
鸡粉·················2克

[做法]

1 洗好的螺片切成片，备用。

2 砂锅中注水，倒入螺片、姜片、黄花菜。

3 盖上盖，用大火煮开后转小火煮20分钟至食材熟透。

4 揭盖，放入盐、鸡粉，拌匀调味。

5 关火后盛出煮好的汤料，装入碗中即可。

扫一扫看视频

螺片是典型的高蛋白、低脂肪、高钙质的天然动物性保健食品，煮成汤品食用，有很好的补血补虚的作用。

海参养血汤

[原料]

猪骨450克，红枣15克，花生米20克，海参200克

[调料]

盐、鸡粉各2克，料酒适量

[做法]

1. 锅中注水烧开，倒入猪骨，淋入料酒，略煮一会儿，捞出备用。
2. 砂锅中注水烧开，倒入花生米、红枣、猪骨、海参。
3. 盖上盖，用大火烧开后转小火煮90分钟，至食材熟透。
4. 揭盖，淋入少许料酒，再盖上盖。
5. 揭盖，放入盐、鸡粉拌匀，关火后盛出即可。

时间：92分钟　扫一扫看视频

人参橘皮汤

[原料]

橘皮15克，人参片少许

[调料]

白糖适量

[做法]

1. 洗净的橘皮切成细丝，待用。
2. 砂锅中注水烧热，倒入人参片、橘皮搅匀。
3. 烧开后转小火煮15分钟至药材析出有效成分。
4. 加入少许白糖搅拌均匀，煮至白糖溶化。
5. 关火后将煮好的药汤盛入碗中即可。

时间：16分钟　扫一扫看视频

营养汤 **Ying yang tang**

PART 3

按人群选营养汤，
很快捷

小儿、老人、年轻人营养需求各不相同，
只有适合的，才是最好的。
本章分别介绍了适合各种人群的营养汤，
为每个人量身定制营养美味的滋补汤煲。

儿童

　　儿童，一般是指0~14岁、正处学龄前和小学阶段的孩子。儿童处在长身体的时期，营养的补充应该坚持全方面发展，不能偏食、挑食，不管是蔬菜、肉禽蛋，还是水产、水果、五谷杂粮，都要保证有一定量的摄入。但是高糖、高盐、高脂肪类的零食最好少吃，以免损害了身体，反而减缓了成长速度。

🧺 常见食物

常见的适合儿童食用的食物有白菜、黄瓜、南瓜、花生、黄豆、板栗、玉米、排骨、鸡蛋、鸡肉、虾、紫菜等。

木瓜甜橙汤

[原料]

木瓜80克，橙子50克

[调料]

白糖适量

[做法]

1　洗净去皮的木瓜切块，再切成丁；洗好的橙子去皮，切开，再切成小块。

2　锅中注入适量清水烧开，倒入切好的木瓜、橙子，搅拌片刻，盖上锅盖，烧开后转小火煮20分钟至食材熟软。

3　揭开盖子，倒入备好的白糖，搅拌片刻，使食材入味。

4　将煮好的甜汤盛入碗中，放凉即可饮用。

🕐 时间：25分钟

卷心菜豆腐蛋汤

[原料]

卷心菜60克，豆腐100克，鸡蛋1个，去皮胡萝卜、茼蒿叶各10克，大葱段20克，香菇、木鱼花各15克，水溶土豆粉10毫升

[调料]

盐3克，生抽5毫升

[做法]

1　食材洗净；卷心菜切块；大葱段切丁；胡萝卜切圆片；豆腐切片；茼蒿叶切段；香菇去柄，切十字花刀成四块；鸡蛋打散成蛋液，待用。

2　锅中注水烧开，放入香菇块、胡萝卜片、豆腐片、卷心菜块、大葱丁，搅匀，煮约3分钟。

3　加盐调味，放入生抽，加入水溶土豆粉，搅匀至汤水微稠；倒入蛋液，搅匀成蛋花，盛出汤品，放上茼蒿叶，摆上木鱼花即可。

时间：5分钟

双瓜黄豆汤

[原料]

苦瓜100克，冬瓜125克，水发黄豆90克，排骨块150克，姜片少许

[调料]

盐2克

[做法]

1　洗净的冬瓜切块；洗好的苦瓜切段，去除内瓤，待用。

2　砂锅中注入适量清水烧开，倒入苦瓜、冬瓜、排骨块、黄豆、姜片，拌匀。

3　加盖，大火煮开后转小火煮90分钟。

4　揭盖，加入盐，稍稍搅拌至入味。

5　关火后盛出煮好的汤，装入碗中即可。

时间：92分钟

花生健齿汤 时间：53分钟

[原料]

莲子⋯⋯⋯⋯⋯⋯⋯⋯50克
红枣⋯⋯⋯⋯⋯⋯⋯⋯5颗
花生⋯⋯⋯⋯⋯⋯⋯⋯100克

[调料]

白糖⋯⋯⋯⋯⋯⋯⋯⋯15克

[做法]

1 砂锅中注水烧开，加入花生、泡好的莲子，拌匀。

2 加盖，用大火煮开后转小火续煮30分钟至熟软。

3 揭盖，加入洗净的红枣。

4 加盖，续煮20分钟至食材有效成分析出。

5 揭盖，加入白糖，搅拌至溶化。

6 关火后盛出煮好的汤，装碗即可。

扫一扫看视频

TIPS

花生能止血、抗衰老、滋润皮肤，其所含的钙有助于坚固骨骼和牙齿。本道汤品对儿童的牙齿、骨骼发育有益。

黄油南瓜浓汤

[原料]

白洋葱60克，去皮南瓜115克，黄油30克

[调料]

盐2克

[做法]

1 洗净的白洋葱切丝；洗好去皮的南瓜切薄片。

2 锅置火上，放入黄油，拌匀至微溶。

3 倒入切好的洋葱丝，炒约1分钟至微软。

4 放入切好的南瓜片，翻炒片刻。

5 注入适量清水，搅匀，加盖，用大火煮开后转小火续煮30分钟至食材熟软。

6 揭盖，加入盐，搅匀调味。

7 关火后盛出煮好的汤，装碗即可。

 时间：35分钟　扫一扫看视频

肉丝黄豆汤

[原料]

水发黄豆250克，五花肉100克，猪皮30克，葱花少许

[调料]

盐、鸡粉各1克

[做法]

1 洗净的猪皮切条；洗好的五花肉切丝。

2 砂锅中注水，倒入猪皮条，加盖，用大火煮15分钟。

3 揭盖，倒入泡好的黄豆，拌匀。

4 加盖，煮约30分钟至黄豆熟软。

5 揭盖，放入五花肉，加入盐、鸡粉，拌匀。

6 加盖，稍煮3分钟至五花肉熟透。

7 关火后盛出煮好的汤，撒上葱花即可。

 时间：49分钟　 扫一扫看视频

排骨玉米莲藕汤

🕐 时间：123分钟

[原料]

排骨块300克，玉米100克，莲藕110克，胡萝卜90克，香菜、姜片、葱段各少许

[调料]

盐2克，鸡粉2克，胡椒粉2克

[做法]

1　材料洗净；玉米切小块；胡萝卜去皮，切滚刀块；莲藕切成块。

2　排骨块入沸水锅，汆去血水，捞出待用。

3　砂锅中注水烧热，倒入排骨、莲藕、玉米、胡萝卜、葱段、姜片拌匀，煮至沸。

4　盖上盖，转小火煮2个小时至食材熟透。

5　掀盖，加盐、鸡粉、胡椒粉拌匀，盛入碗中，放上香菜即可。

扫一扫看视频　TIPS

排骨含有蛋白质、脂肪、磷酸钙、骨胶原等成分，具有益精补血、促进食欲等功效，可为幼儿提供钙质。

板栗龙骨汤

 时间：92分钟

[原料]

龙骨块……………………400克
板栗…………………………100克
玉米段……………………100克
胡萝卜块…………………100克
姜片…………………………7克

[调料]

料酒………………………10毫升
盐……………………………4克

[做法]

1 砂锅中注入适量清水烧开，倒入处理好的龙骨块，加入料酒、姜片，拌匀，加盖，大火烧片刻。

2 揭盖，撇去浮沫，倒入玉米段，加盖，小火煮1小时至析出有效成分。

3 揭盖，加入洗好的板栗，拌匀，加盖，小火续煮15分钟至熟。

4 揭盖，倒入洗净的胡萝卜块，拌匀，小火煮15分钟至食材熟透。

5 揭盖，加入盐，搅拌片刻，盛出，装入碗中即可。

扫一扫看视频

 TIPS

板栗有益气补血的作用，和龙骨一起熬汤食用，其滋补效果更佳。本道汤品适合儿童，能补充营养、增高助长。

鸡肉马铃薯汤

 时间：4分钟

[原料]

土豆·····················80克
鸡胸肉··················60克

[调料]

生抽·····················5毫升

[做法]

1 洗净去皮的土豆切厚片，切条，再切丁。

2 洗净的鸡胸肉切条，再切丁，待用。

3 锅中注入适量的清水，大火烧热，倒入土豆丁、鸡肉丁，搅拌片刻。

4 盖上锅盖，将食材煮至熟烂。

5 掀开锅盖，淋上生抽，搅匀调味。

6 将煮好的汤盛出装入碗中即可。

TIPS

土豆能宽肠通便、健脾和胃；鸡肉有滋补养身效果。本道汤品能补充对成长发育不可缺之的氨基酸，对儿童有益。

鲜虾丸子清汤

[原料]

虾肉50克，蛋清20克，包菜30克，菠菜30克

[做法]

1　洗净的菠菜切碎；洗净的包菜切碎。

2　洗净的虾肉去虾线，切碎，再剁成泥状，装入碗中，倒入蛋清，搅拌匀。

3　锅中注入适量清水，大火烧开，倒入包菜碎、菠菜碎，搅拌片刻后捞出，沥干水分，待用。

4　另起锅注入适量清水，大火烧开，用勺子将虾泥制成丸子，逐一放入热水中。

5　倒入氽过水的食材，搅拌片刻，再次煮开后，撇去汤面的浮沫。

6　将汤盛出装入碗中即可。

 时间：3分钟　　扫一扫看视频

紫菜笋干豆腐煲

[原料]

豆腐150克，笋干粗丝30克，虾皮10克，水发紫菜5克，枸杞5克，葱花2克

[调料]

盐、鸡粉各2克

[做法]

1　洗净的豆腐切片。

2　砂锅中注水烧热，倒入笋干，放入虾皮。

3　倒入豆腐，拌匀，加入盐、鸡粉，拌匀。

4　加盖，用大火煮15分钟至食材熟透。

5　揭盖，倒入枸杞、紫菜。

6　加入盐、鸡粉，拌匀。

7　关火后盛出煮好的汤，装在碗中，撒上葱花点缀即可。

 时间：17分钟　　扫一扫看视频

青少年

青少年，是介于儿童与成年人之间的一个群体。在青少年时期，孩子会经历来自青春期的考验，也就是性成熟的过程。青少年需要补充各类富含蛋白质、维生素、矿物质、无机盐的食物，才能满足身体的能量需求。多食用蔬果、五谷杂粮类、坚果类、豆类、鱼类、肉禽蛋类、奶类及奶制品，但要少吃或不吃高糖、高脂肪食物。

常见食物

常见的适合青少年食用的食物有西红柿、玉米、芦笋、莲藕、核桃、鸡肉、排骨、牛尾、鲫鱼、花蛤等。

西红柿蔬菜汤

【原料】
黄瓜100克，西红柿100克，鲜玉米粒50克

【调料】
盐2克，鸡粉2克

【做法】

1 洗净的黄瓜切丁；洗净的西红柿切小块。

2 取电解养生壶底座，放上配套的水壶，加水至0.7升水位线，放入切好的蔬菜、洗好的玉米粒。

3 盖上壶盖，按"开关"键通电，再按"功能"键，选定"煲汤"功能，开始煮汤，期间功能加热8分钟，功能加强2分钟，共煮10分钟。

4 揭盖，放盐、鸡粉，拌匀调味。

5 汤煮成，按"开关"键断电，取下水壶，将汤装入碗中即可。

扫一扫看视频　　时间：12分钟

芦笋萝卜冬菇汤

时间：92分钟

[原料]

去皮白萝卜·····················90克
去皮胡萝卜·····················70克
水发冬菇·······················75克
芦笋·························85克
排骨························200克

[调料]

盐·····························2克
鸡粉···························2克

[做法]

1 洗净去皮的白萝卜、胡萝卜均切滚刀块；洗净的芦笋切段；洗好的冬菇切块；洗净的排骨入沸水中余烫一会儿，捞出，沥干水分，待用。

2 砂锅注水，倒入排骨、白萝卜块、胡萝卜块、冬菇块，搅拌均匀，加盖，用大火煮开后转小火续煮1小时至食材熟软。

3 揭盖，倒入芦笋，加盖，续煮30分钟至熟透。

4 揭盖，加盐、鸡粉调味，盛出装碗即可。

扫一扫看视频

 TIPS

芦笋萝卜冬菇汤中，芦笋通便、白萝卜清热、胡萝卜明目、香菇抗菌、排骨补虚，整道汤既鲜甜又有益于健康。

莲藕核桃排骨汤

⏱ 时间：92分钟

【原料】

排骨块·····················200克
去皮莲藕·················160克
核桃仁·····················75克
枸杞·······················20克
葱花·······················少许
姜片·······················少许

【调料】

盐·························2克
鸡粉·······················2克

【做法】

1 洗净去皮的莲藕切块。

2 锅中注入适量清水烧开，倒入洗净的排骨块，汆煮片刻，捞出，沥干水分，装入盘中，待用。

3 砂锅中注入适量清水烧开，倒入排骨块、莲藕块、姜片，拌匀，加盖，大火煮开后转小火煮1小时。

4 揭盖，倒入核桃仁、枸杞，拌匀。

5 加盖，大火煮开后转小火续煮30分钟至食材熟透。

6 揭盖，加入盐、鸡粉，稍稍搅拌至入味。

7 关火后盛出煮好的汤，装入碗中，撒上葱花即可。

扫一扫看视频

 TIPS

莲藕能益气补血、健脾开胃；排骨能滋阴润燥、益精补血。本道汤品能帮助青少年恢复体力，效益良多。

胡萝卜牛尾汤

时间: 132分钟

[原料]

牛尾段·······300克
去皮胡萝卜·······150克
姜片·······少许
葱花·······少许

[调料]

料酒·······5毫升
盐·······2克
鸡粉·······2克
白胡椒粉·······2克

[做法]

1 洗净去皮的胡萝卜切滚刀块；洗净的牛尾段氽水，待用。

2 砂锅中注水烧开，放入牛尾段，淋料酒，盖上盖，大火煮开。

3 揭开盖，放入姜片，盖上盖，用小火煲煮约100分钟至牛尾段变软。

4 揭开盖，倒入胡萝卜块，搅匀，盖上盖，用中小火续煮约30分钟至食材熟软，加入盐、鸡粉、白胡椒粉，搅匀调味。

5 关火后将煮好的汤盛入碗中，撒上葱花即可。

扫一扫看视频

TIPS

用牛尾搭配胡萝卜特别开胃。本道汤品适合长身体的青少年，既能增高助长，又能保护视力。

鸡肉玉米汤

[原料]

鸡块200克，玉米粒50克，葱花3克

[调料]

盐3克，食用油适量

[做法]

1. 锅中注入适量清水烧开，放入鸡块，汆煮约3分钟至转色，盛出，沥干水分，装碗待用。

2. 取电饭锅，倒入玉米粒、鸡块、食用油，注入适量清水，盖上盖，按"功能"键，选择"靓汤"功能时间为45分钟，开始蒸煮。

3. 按"取消"键断电，开盖，加入盐、葱花，稍稍搅拌至入味。

4. 盛出煮好的汤，装入碗中即可。

扫一扫看视频　　时间：46分钟

苹果鸡腿汤

[原料]

鸡腿80克，苹果65克，红枣10克，枸杞10克

[调料]

盐1克

[做法]

1. 沸水锅中倒入洗净的鸡腿，汆煮至去除血水和脏污，捞出，装碗；洗净的苹果切块。

2. 砂锅中注入适量清水，放入汆好的鸡腿。

3. 加入洗好的红枣和枸杞。

4. 加盖，用大火煮开后转小火续煮20分钟至食材熟软。

5. 揭盖，倒入苹果，稍煮片刻至食材入味。

6. 加入盐，搅匀调味。

7. 关火后盛出煮好的汤，装碗即可。

扫一扫看视频　　时间：25分钟

香菇豆腐鲫鱼汤 时间：32分钟

[原料]

鲫鱼段	400克
豆腐	180克
香菇	3朵
香菜	4克
姜片	10克

[调料]

盐	4克

[做法]

1 洗净的豆腐切块；洗好的香菇切块。

2 取出电饭锅，打开盖子，通电后倒入处理干净的鲫鱼段。

3 倒入切好的香菇、豆腐，倒入姜片。

4 加入适量清水至没过食材，搅拌均匀。

5 盖上盖子，按下"功能"键，调至"靓汤"状态，煮30分钟至食材熟软。

6 按下"取消"键，打开盖子，加入盐。

7 放入洗净的香菜，搅匀调味，盛出装碗即可。

扫一扫看视频

 TIPS

鲫鱼能健脾润燥；豆腐能降脂降压；香菇有助于骨骼和牙齿的发育。本道汤品是青少年成长路上的贴心伙伴。

花蛤冬瓜汤 时间：47分钟

[原料]

花蛤·······················200克
去皮冬瓜·················200克
枸杞···························2克
葱花···························4克
姜片·························少许

[调料]

盐·····························3克
料酒·······················10毫升
食用油·····················适量

[做法]

1 沸水锅中倒入适量葱花、姜片，加入料酒，放入洗净的花蛤，焯水约3分钟至开口，捞出，沥干水分，装碗待用。

2 洗净的冬瓜切小块。

3 取出电饭锅，打开盖子，通电后倒入冬瓜，放入焯好的花蛤，加入枸杞，倒入食用油，加适量清水至没过食材，搅拌均匀。

4 盖上盖子，按下"功能"键，调至"靓汤"状态，煮45分钟至食材熟软。

5 按下"取消"键，打开盖子，加入盐、剩余葱花，搅匀调味，盛出装碗即可。

扫一扫看视频

 TIPS

花蛤能降低胆固醇、滋阴明目、化痰、养胃，加以冬瓜同煮，有助于吸收花蛤的鲜味。本道汤品适合青少年食用。

海苔鲜贝汤

⏱ 时间：4分钟

[原料]

海苔·····················10克
扇贝·····················90克

[调料]

盐·······················1克

[做法]

1 沸水锅中倒入洗净的扇贝。

2 焯煮约2分钟至微熟。

3 捞出焯好的扇贝，将肉取出，装盘，放凉待用。

4 另起锅，注水烧开，放入备好的海苔，搅散。

5 加入盐，倒入扇贝肉，稍煮1分钟至汤水入味。

6 关火后盛出煮好的海苔鲜贝汤，装碗即可。

扫一扫看视频

 TIPS

海苔能降低血糖、润滑肌肤、增强记忆力、利尿消肿；扇贝可保护骨骼、补血养颜。本道汤品适合青少年食用。

上班族

上班族，泛指所有在社会工作并尚未退休的成年工作者。上班族有5种常见职业病：低头综合征、肌肉饥饿征、高楼综合征、疲劳综合征、复印综合征，影响大脑、肌肉等身体各部位机能的运转，导致体力、脑力、精力等各方面指数降低。为了改善身体状态，上班族应多吃能促进身体新陈代谢的食物，补充脑力、体力，帮助恢复活力。

 常见食物

常见的适合上班族食用的食物有茄子、莲藕、白菜、土豆、西红柿、南瓜、鸡肉、排骨、鸭肉、鸭血、蟹等。

冬菇玉米须汤

【原料】
水发冬菇75克，鸡肉块150克，玉米须30克，玉米115克，去皮胡萝卜95克，姜片少许

【调料】
盐2克

【做法】
1. 洗净去皮的胡萝卜切滚刀块；洗好的玉米切段；洗净的冬菇切去柄部。
2. 锅中注入适量清水烧开，倒入洗净的鸡肉块，汆煮片刻，捞出，沥干水分，装入盘中备用。
3. 砂锅中注入适量清水烧开，倒入鸡肉块、玉米段、胡萝卜块、冬菇、姜片、玉米须，拌匀。
4. 加盖，大火煮开后转小火煮2小时至熟。
5. 揭盖，加盐调味，盛出装碗即可。

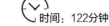
扫一扫看视频　　时间：122分钟

豌豆苗豆腐榨菜汤

 时间：3分钟

[原料]

豌豆苗·····················40克
水豆腐·····················100克
榨菜·······················30克

[调料]

盐·························适量
红油·······················适量

[做法]

1 备好的水豆腐横刀对切，切条，再切小块。

2 择洗好的豌豆苗切成小段，待用。

3 备好一个碗，倒入豌豆苗、水豆腐。

4 再加入榨菜、盐，注入适量的凉开水。

5 用保鲜膜将碗口包住。

6 备好微波炉，放入食材，关上炉门，启动机子，微波3分钟后取出。

7 揭去保鲜膜，再倒入备好的碗中，淋上适量红油即可。

扫一扫看视频

 TIPS

豆腐含有蛋白质、不饱和脂肪酸、铁、钙及磷脂等营养成分，具有强健骨骼、增强体质、清洁肠道等作用。

肉丸子上海青粉丝汤

⏱ 时间：13分钟

[原料]

猪肉末·······················100克
鸡蛋液·······················20克
粉丝··························20克
上海青························50克
葱段··························12克

[调料]

盐···························2克
水淀粉························5毫升
生抽··························6毫升

[做法]

1 洗净的上海青去根部，切小段；洗好的葱段切末。

2 粉丝装碗，加入开水，稍烫片刻。

3 猪肉末装碗，加葱末、鸡蛋液，放入1克盐、水淀粉、3毫升生抽，拌匀，腌渍5分钟至入味，挤成数个丸子，装盘。

4 锅中注入适量清水烧开，放入肉丸子，大火煮开后转小火，续煮约5分钟至熟。

5 放入上海青，加入泡好的粉丝。

6 加入1克盐，放入3毫升生抽，搅匀调味，盛出装碗即可。

扫一扫看视频

 TIPS

上海青能预防便秘、保护皮肤；粉丝吸附所有的美味。本道汤品味道清新，上班族们吃了可以开胃。

皮蛋肉饼汤

[原料]

肉末100克，皮蛋70克，蛋清30克，姜片、香菜各少许

[调料]

盐4克，鸡粉3克，胡椒粉2克，水淀粉4毫升

[做法]

1　碗中倒入肉末、蛋清，加盐、鸡粉拌匀，倒入水淀粉，拌匀，腌渍10分钟。

2　备好炖盅，倒入肉末铺在底部，放上皮蛋，倒入姜片，注入适量清水至没过食材。

3　加入盐、鸡粉、胡椒粉，盖上盅盖，待用。

4　电蒸锅注水烧开，放入炖盅，盖上锅盖，调转旋钮定时蒸15分钟。

5　掀开锅盖，取出炖盅，摆放上香菜即可。

时间：17分钟　　扫一扫看视频

莲藕葛根排骨汤

[原料]

排骨260克，莲藕150克，葛根100克，葱花3克

[调料]

盐3克，食用油适量

[做法]

1　锅中注入适量清水，大火烧开，倒入排骨，搅匀，氽煮去血水，捞出，沥干水分，待用。

2　备好电饭锅，将葛根、莲藕、排骨倒入。

3　倒入食用油，注入适量的清水。

4　盖上锅盖，按下"功能"键，调至"靓汤"状态，定时为2个小时，煮至食材熟透。

5　按下"取消"键，打开锅盖，倒入盐、葱花，搅拌调味。

6　将煮好的汤盛出装入碗中即可。

 时间：122分钟　　 扫一扫看视频

猴头菇木瓜排骨汤

 时间：122分钟

[原料]

排骨段……………350克
花生米……………75克
木瓜………………300克
水发猴头菇………80克
海底椰……………20克
核桃仁……………少许
姜片………………少许

[调料]

盐…………………3克

[做法]

1 将木瓜洗净切小块，去籽；猴头菇洗净，切除根部，再切块。

2 锅中注入水烧开，倒入排骨段，氽煮去除血渍后捞出。

3 砂锅中注水烧热，倒入排骨段、猴头菇、木瓜块及洗好的海底椰、核桃仁、花生米，撒上姜片，拌匀，盖上盖，烧开后转小火煮约120分钟。

4 揭盖，加入少许盐，拌匀、略煮，至汤汁入味。

扫一扫看视频

TIPS

猴头菇含有蛋白质、纤维素、核黄素、硫胺素以及钠、钙等营养物质，具有增强免疫力、健胃、补虚等作用。

口蘑嫩鸭汤

 时间：6分钟

[原料]

口蘑·······························150克
鸭肉·······························300克
高汤·······························600毫升
葱段·······························少许
姜片·······························少许

[调料]

盐·································2克
料酒·······························5毫升
生粉·······························3克
鸡粉·······························适量
胡椒粉·····························适量
食用油·····························适量

[做法]

1 处理好的鸭肉切片；洗净的口蘑切片。

2 鸭肉装入碗中，加入少许盐、料酒，撒些生粉，拌匀至起浆。

3 锅中注入适量清水，大火烧开，倒入腌渍好的鸭片，汆煮片刻，捞出，沥干水分待用。

4 热锅注油，倒入姜片、葱段爆香，加鸭肉片，倒入高汤，再加入口蘑，加入少许盐，盖上锅盖，大火煮开转小火煮5分钟。

5 掀开锅盖，加入鸡粉、胡椒粉，盛出装入碗中即可。

扫一扫看视频

TIPS

口蘑能润肠通便、增强免疫力；鸭肉对心肌梗死等心脏疾病患者有保护作用。本道汤品适合熬夜的上班族食用。

简易鸭血粉丝汤 时间: 16分钟

[原料]

水发粉丝	100克
鸭血	100克
鸭肝	30克
鸭肠	30克
豆腐干	20克
生菜	30克
油豆腐	20克
香菜	10克
蒜末	3克
浓汤宝	1个

[调料]

醋	4毫升
盐	3克
鸡粉	3克

[做法]

1 备好的油豆腐对半切开；豆腐干切成细丝；洗好的生菜切段。

2 处理好的鸭血切小块；处理干净的鸭肠切小段；处理干净的鸭肝切成小块。

3 备好电饭锅，倒入鸭肝、鸭血、生菜。

4 再加入鸭肠、豆腐干、油豆腐、浓汤宝、蒜末、鸡粉。

5 淋入醋，倒入粉丝，注入清水，搅拌片刻。

6 盖上锅盖，按下"功能"键，调至"蒸煮"状态，时间定为15分钟，将食材都煮熟。

7 掀开锅盖，加入盐、香菜，搅匀调味，装入碗中即可。

扫一扫看视频

 TIPS

生菜能利尿、清肝利胆、养胃；鸭血能补血补虚、排毒润肠。本道汤品能帮助上班族补充体力，恢复自信。

菌菇蟹汤

 时间：4分钟

[原料]

花蟹·····················200克
西红柿···················80克
口蘑·····················40克
杏鲍菇···················50克
芝士片···················20克
娃娃菜···················200克
葱段·····················适量
姜片·····················适量

[调料]

盐·······················2克
鸡粉·····················2克
胡椒粉···················适量
食用油···················适量

[做法]

1 洗净的口蘑、杏鲍菇均切片；处理好的娃娃菜切粗丝。

2 洗净的西红柿去蒂，切丁。

3 锅中注入适量清水，大火烧开，倒入口蘑、杏鲍菇，搅拌匀，去除草酸，捞出，沥干水分，待用。

4 热锅注油烧热，倒入葱段、姜片，爆香。

5 加入处理好的花蟹，翻炒至转色，加入西红柿，翻炒片刻。

6 注入清水，煮沸，倒入氽过水的食材，略煮片刻，撇去浮沫。

7 加入娃娃菜、芝士片，拌匀，煮至软，加盐、鸡粉、胡椒粉调味，盛出装碗即可。

TIPS

娃娃菜能养胃生津、除烦解渴、利尿通便。本道汤品还加入姜中和娃娃菜的寒性，适合熬夜加班的上班族食用。

孕产妇

孕妇，即怀孕的妇女；产妇，即分娩期或产褥期的妇女。为了宝宝和自身的健康着想，孕产妇应保证营养素摄入正常，注意营养搭配，多吃蔬菜、肉类、蛋类、奶类、豆类，少吃油腻、刺激性食物和甜食。而产妇还应多食用能下乳、补血、补虚的食物，帮助身体恢复机能。

🧺 常见食物

常见的适合孕产妇食用的食物有丝瓜、苦瓜、西红柿、莲藕、核桃、豆腐、菱角、排骨、牛肉、鲈鱼、鲫鱼、雪蛤等。

丝瓜豆腐汤

[原料]

豆腐250克，去皮丝瓜80克，姜丝、葱花各少许

[调料]

盐、鸡粉各1克，陈醋5毫升，芝麻油、生抽各少许

[做法]

1 洗净的丝瓜切厚片；洗好的豆腐切成块。

2 沸水锅中倒入姜丝、豆腐块，倒入丝瓜，稍煮片刻至沸腾。

3 加入盐、鸡粉、生抽、陈醋。

4 将材料拌匀，煮约6分钟至熟透。

5 关火后盛出煮好的汤，装入碗中。

6 撒上葱花，淋入芝麻油即可。

扫一扫看视频

🕐 时间：8分钟

黄瓜腐竹汤

⏱ 时间：24分钟

[原料]

黄瓜·····················250克
水发腐竹·················100克
葱花······················适量

[调料]

盐·························2克
鸡粉·······················2克
食用油·····················少许
胡椒粉·····················少许

[做法]

1 锅中注入适量食用油，烧至六成热，倒入切好的黄瓜片炒匀。

2 锅中加入适量清水搅拌匀，盖上盖，煮约10分钟，揭开盖，倒入腐竹段搅拌均匀。

3 锅中加入盐、鸡粉拌匀调味，再盖上盖，续煮约10分钟至食材熟透。

4 揭开盖，加入适量胡椒粉搅拌均匀至食材入味，盛出煮好的汤料，撒上葱花即可。

扫一扫看视频

 TIPS

腐竹含有丰富的蛋白质、膳食纤维和碳水化合物等营养物质，营养丰富，适合孕产妇食用。

莲藕核桃板栗汤

 时间：122分钟

[原料]

水发红莲子65克，红枣40克，核桃65克，陈皮30克，鸡肉块180克，板栗仁75克，莲藕100克

[调料]

盐2克

[做法]

1 洗净的莲藕切块。

2 锅中注入适量清水烧开，放入鸡肉块，氽煮片刻。

3 关火后捞出氽煮好的鸡肉块，沥干水分，装入盘中备用。

4 砂锅中注入适量清水烧开，倒入鸡肉块、藕块、红枣、陈皮、红莲子、板栗仁、核桃，拌匀。

5 加盖，大火煮开后转小火煮2小时至熟，加盐调味。

6 关火后盛出煮好的汤，装入碗中即可。

扫一扫看视频　TIPS

莲藕调中开胃、益血补髓、安神健脑；核桃健脑。本道汤品能增强记忆力。

玉竹菱角排骨汤

[原料]

排骨500克，水发黄花菜、菱角各100克，花生50克，玉竹20克，姜片、葱段各少许

[调料]

盐3克

[做法]

1　锅中加水大火烧开，倒入排骨，汆去血水，捞出，沥干水分。

2　砂锅中注入适量清水大火烧开，倒入排骨、菱角、花生、玉竹、姜片、葱段，搅拌片刻。

3　盖上锅盖，烧开后转小火煮1个小时至熟软。掀开锅盖，放入黄花菜，搅拌均匀。

4　盖上锅盖，续煮30分钟，掀开锅盖，加少许盐，盛出装碗即可。

时间：92分钟　　扫一扫看视频

核桃花生猪骨汤

[原料]

花生75克，核桃仁70克，猪骨块275克

[调料]

盐2克

[做法]

1　锅中注入适量清水烧开，放入洗净的猪骨块，汆煮片刻，捞出，沥干水分，装盘，待用。

2　砂锅中加水烧开，倒入猪骨块、花生、核桃仁，加盖，大火煮开后转小火煮1小时至熟。

3　揭盖，加盐调味，盛出装碗即可。

时间：62分钟　　扫一扫看视频

鸡肉卷心菜圣女果汤 时间：6分钟

【原料】

卷心菜·····················50克
鸡肉·······················50克
圣女果·····················70克
芝士粉······················5克

【调料】

盐··························2克
胡椒粉······················3克

【做法】

1 洗净的圣女果对半切开，再对切；处理好的卷心菜切成小块，待用；处理好的鸡肉切片，再切条，剁成末。

2 将卷心菜、圣女果、鸡肉末倒入碗中，加入胡椒粉、盐，注入适量的凉开水，用保鲜膜将碗口盖住。

3 备好微波炉，打开炉门，将食材放入，关上炉门，启动机子微波5分钟。

4 待时间到，将食材取出，揭去保鲜膜，撒上芝士粉即可。

扫一扫看视频

 TIPS

鸡肉含有蛋白质、磷脂类及多种矿物质、维生素，具有增强免疫力、温中益气、健脾胃、活血脉、强筋骨等功效。

鲈鱼老姜苦瓜汤

 时间：15分钟

[原料]

苦瓜块·······················50克
鲈鱼肉·······················60克
老姜·························10克
葱段·························少许

[调料]

盐··························1克
食用油·······················适量

[做法]

1 砂锅置火上，注入适量食用油，倒入葱段、老姜，爆香。

2 放入洗净的苦瓜块，注入适量清水，加盖，用大火煮开。

3 揭盖，放入洗净的鲈鱼肉。

4 加盖，用小火续煮10分钟至食材熟。

5 揭盖，加入盐，搅匀调味。

6 关火后盛出煮好的汤，装碗即可。

扫一扫看视频

 TIPS

鲈鱼有补肝肾、益脾胃之效；苦瓜有清热祛暑、益气壮阳之效。本道汤品对孕产妇有很好的补益作用。

苹果红枣鲫鱼汤

 时间：20分钟

[原料]

鲫鱼⋯⋯⋯⋯⋯⋯⋯500克
去皮苹果⋯⋯⋯⋯⋯⋯200克
红枣⋯⋯⋯⋯⋯⋯⋯⋯20克
香菜叶⋯⋯⋯⋯⋯⋯⋯少许

[调料]

盐⋯⋯⋯⋯⋯⋯⋯⋯⋯3克
胡椒粉⋯⋯⋯⋯⋯⋯⋯2克
水淀粉⋯⋯⋯⋯⋯⋯⋯适量
料酒⋯⋯⋯⋯⋯⋯⋯⋯适量
食用油⋯⋯⋯⋯⋯⋯⋯适量

[做法]

1 洗净的苹果去核，切成块。

2 往鲫鱼身上抹上盐，涂抹均匀，淋料酒，腌渍10分钟至入味。

3 用油起锅，放入鲫鱼，煎约2分钟至金黄色。

4 注入适量清水，倒入红枣、苹果，大火煮开。

5 加入盐，拌匀，加盖，中火续煮5分钟至入味。

6 揭盖，加入胡椒粉，拌匀；倒入水淀粉，拌匀。

7 关火后将煮好的汤装入碗中，放上香菜叶即可。

扫一扫看视频

 TIPS

鲫鱼具有益气补血、利水消肿等功效；红枣可以补血补虚。本道汤品对需要产后静养的产妇有益，可适当多食。

奶香雪蛤汤

[原料]

水发雪蛤油70克，葡萄干70克，红枣55克，牛奶50毫升

[调料]

白糖50克

[做法]

1 取炖盅，倒入洗净的红枣、雪蛤油、葡萄干，注入适量清水，拌匀。

2 盖上盖，待用。

3 取电蒸笼，注入适量清水烧开，放上炖盅。

4 盖上盖，将旋钮调至"炖"。

5 自行设置时间为120分钟，开始炖制。

6 打开盖，将旋钮调至"关"档，取出炖盅。

7 打开炖盅的盖，加入白糖、牛奶，拌匀即可。

 时间：122分钟　扫一扫看视频

桂圆养血汤

[原料]

桂圆肉30克，鸡蛋1个

[调料]

红糖35克

[做法]

1 将鸡蛋打入碗中，搅散。

2 砂锅中注入适量清水烧开，倒入桂圆肉，搅拌一下。

3 盖上盖，用小火煮约20分钟，至桂圆肉熟。

4 揭盖，加入红糖，搅拌均匀。

5 倒入鸡蛋，边倒边搅拌。

6 继续煮约1分钟，至汤入味。

7 关火后盛出煮好的汤，装在碗中即可。

时间：23分钟　扫一扫看视频

男性

男性，即雄性群体，这里主要指成年男子。男性多应酬、加班多，精神压力巨大，要想保持良好体魄，应该注重饮食，不能过多饮酒，应戒烟。男性应多补充富含维生素、矿物质、蛋白质的食物，也要保证水分的摄入，尤其注重对身体的保健，多食补肾、补肝食品，重塑男性雄风。

常见食物

常见的适合男性食用的食物有黄瓜、草菇、白菜、菠菜、红腰豆、鸡蛋、鸡肉、鸭肉、排骨、鲫鱼、虾、鱿鱼等。

豌豆草菇蛋花汤

[原料]
豌豆100克，鸡蛋1个，草菇30克，葱花3克

[调料]
盐3克，食用油适量

[做法]
1 洗净的草菇切成片；鸡蛋打散搅匀。
2 备好电饭锅，倒入草菇、豌豆。
3 淋入少许食用油，注入适量的清水。
4 盖上锅盖，按下"功能"键，调至"靓汤"状态，时间定为45分钟。
5 待45分钟后，按下"取消"键，掀开锅盖，倒入鸡蛋液，轻搅成蛋花。
6 加入盐、葱花，搅匀调味。
7 将煮好的汤盛出装入碗中即可。

扫一扫看视频　　时间：45分钟

黄蘑鲜汤

时间：12分钟

[原料]

水发黄蘑·····················210克
白玉菇·························100克
水发竹荪························65克
草菇···························95克
香菜叶·························25克
高汤··························250克

[调料]

盐·······························2克
鸡粉·····························2克
胡椒粉···························3克

[做法]

1 洗净的竹荪切去根部，再切成段；洗净的白玉菇切段；洗净的草菇对半切开；洗净的黄蘑切去根部。

2 锅置于火上，倒入高汤、黄蘑、白玉菇、草菇、竹荪，拌匀。

3 加盖，大火煮开转小火煮10分钟至食材熟透。

4 揭盖，加入盐、鸡粉、胡椒粉，搅拌至入味。

5 关火后盛入碗中，放上香菜叶即可。

扫一扫看视频

 TIPS

草菇含有蛋白质、维生素C、磷、钾、钙等营养成分，具有益气补血、滋阴壮阳、增强免疫力等功效。

玉米排骨汤

 时间：60分钟

[原料]

玉米段·····················200克
排骨·······················200克
姜片·························少许
葱花·························少许
葱段·························少许

[调料]

料酒·······················8毫升
盐·························2克

[做法]

1 锅中注入适量清水大火烧热，倒入备好的排骨，淋少许料酒。

2 汆煮去血水，将焯好的排骨捞出，沥干水分。

3 锅中注入适量清水大火烧开，倒入玉米、排骨、姜片、葱段，搅拌片刻。

4 盖上锅盖，烧开后转小火煮1个小时至熟透。

5 掀开锅盖，加入盐，搅拌片刻，使食材入味。

6 关火，将煮好的汤盛出装入碗中，撒上葱花即可。

扫一扫看视频

 TIPS

玉米有增强免疫力、加速新陈代谢的作用；排骨能补充钙质，有利于骨骼。本道汤品能强健筋骨，适合男性食用。

薏米茶树菇排骨汤

[原料]

排骨280克，水发茶树菇80克，水发薏米70克，香菜、姜片各少许

[调料]

盐2克，鸡粉2克，胡椒粉2克

[做法]

1　泡好的茶树菇切去根部，对切成长段。

2　锅中注入适量清水大火烧开，倒入排骨，汆煮去除血水，捞出，沥干水分，待用。

3　砂锅中注入适量的清水，大火烧开。

4　倒入排骨、薏米、茶树菇、姜片，拌匀。

5　盖上盖，大火煮开后转小火煮1个小时。

6　掀开盖，加入盐、鸡粉、胡椒粉，搅拌调味。

7　将煮好的汤盛入碗中，摆放上香菜即可。

时间：63分钟　扫一扫看视频

清味黄瓜鸡汤

[原料]

黄瓜100克，鸡胸肉末100克，姜末、蒜末各少许

[调料]

盐2克，鸡粉2克，胡椒粉、料酒、水淀粉各适量

[做法]

1　将洗净的黄瓜切小块。

2　鸡胸肉末中加盐、鸡粉、胡椒粉、料酒、姜末、蒜末，拌匀；加水淀粉，拌匀，腌渍10分钟，再捏成丸子，装入盘中待用。

3　取电解养生壶，加清水至0.7升水位线。

4　盖上壶盖，按"开关"键通电，水烧开后，放入黄瓜块、丸子生坯。

5　盖上壶盖，按"开关"键通电，按"功能"键，选定"煲汤"功能，煮20分钟至熟。

6　揭盖，放盐、鸡粉调味，盛出即可。

时间：35分钟　扫一扫看视频

薄荷鸭汤

⏱ 时间：48分钟

[原料]

鸭肉350克，玉竹2克，百合15克，薄荷叶、姜片各少许

[调料]

盐2克，鸡粉3克，料酒、食用油各适量

[做法]

1 锅中注水烧开，倒入鸭肉块，淋入料酒，略煮一会儿，汆去血水，捞出，装入盘中，备用。
2 用油起锅，放入鸭肉、姜片炒匀；淋入料酒，炒匀提味，盛出。
3 砂锅置于火上，放入玉竹、鸭肉，注水，淋入少许料酒。
4 盖上盖，用大火煮开后转小火煮30分钟。
5 揭盖，放入百合、薄荷叶，再盖上盖，续煮15分钟至食材熟透。
6 揭盖，放入盐、鸡粉，拌匀调味，盛出，装入碗中即可。

扫一扫看视频

TIPS

鸭肉益气补血、养胃生津；百合养心安神。本道汤品适合病后虚弱的男性食用。

明虾蔬菜汤

[原料]

明虾30克，西红柿100克，西蓝花130克，洋葱60克，姜片少许

[调料]

盐、鸡粉各1克，橄榄油适量

[做法]

1 洗净的洋葱切成块；洗好的西红柿切成小瓣；洗净的西蓝花切成小块。

2 锅置火上，倒入橄榄油，放入姜片爆香，倒入洋葱、西红柿，炒匀。

3 注水，拌匀，放入明虾，大火煮开后转中火煮5分钟至食材熟透。

4 倒入西蓝花，拌匀，加入盐、鸡粉，拌匀，稍煮片刻至入味。

5 关火后盛出煮好的汤，装碗即可。

时间：7分钟　扫一扫看视频

红腰豆鲫鱼汤

[原料]

鲫鱼300克，熟红腰豆150克，姜片少许

[调料]

盐2克，料酒、食用油各适量

[做法]

1 用油起锅，放入处理好的鲫鱼。

2 注水，倒入姜片、红腰豆，淋入料酒。

3 加盖，大火煮17分钟至食材熟透。

4 揭盖，加入盐，稍煮片刻至入味。

5 关火，将鲫鱼汤盛入碗中即可。

时间：19分钟　扫一扫看视频

人参螺片汤

🕐 时间：42分钟

[原料]

排骨··············400克
水发螺片··········20克
红枣··············10克
枸杞··············5克
玉竹··············5克
北杏仁············8克
人参片············少许

[调料]

盐················2克
料酒··············10毫升

[做法]

1 洗好的螺片用斜刀切片，待用。

2 锅中注水，大火烧热，倒入洗净的排骨，淋入少许料酒，汆去血水，捞出汆煮好的排骨，沥干水分，备用。

3 砂锅中注水烧热，倒入排骨、玉竹、红枣、北杏仁、螺片，淋入料酒，搅匀，盖上盖，烧开后转中火煮40分钟。

4 揭盖，倒入备好的人参片、枸杞，搅匀，盖上盖，略煮。

5 揭盖，加入盐，搅匀至食材入味，盛入碗中即可。

扫一扫看视频

TIPS

螺肉能清热解暑、利尿、助消化；人参能促进血液循环。本道汤品可增强免疫力，适合男性食用。

木耳鱿鱼汤

时间：5分钟

[原料]

鱿鱼····················80克
金华火腿片···············10克
西红柿片················15克
水发木耳················20克
鸡汤·················200毫升
姜片··················少许
葱段··················少许

[调料]

盐····················2克
鸡粉···················1克
胡椒粉·················1克
陈醋··················5毫升
料酒··················5毫升
水淀粉·················5毫升
芝麻油·················少许

[做法]

1 洗净的鱿鱼打上花刀，切成小块。
2 锅置火上，倒入鸡汤，倒入姜片、葱段，放入火腿片。
3 倒入鱿鱼、木耳，淋入料酒，拌匀。
4 大火煮约4分钟至食材熟透。
5 放入西红柿片，加入盐、鸡粉、胡椒粉、陈醋、水淀粉。
6 稍煮片刻至入味。
7 关火后盛出煮好的汤，淋上芝麻油即可。

扫一扫看视频

TIPS

鱿鱼具有保护视力、保肝护肾等作用，其所含的牛磺酸还能缓解疲劳，对保护男性的肝肾有益。

女性

　　女性，即雌性群体，这里主要指成年女子。女性应多吃营养素丰富的水果、蔬菜、谷类、豆类、坚果类以及动物瘦肉蛋白。由于女性特殊的身体构造，对美丽的追求，更要注重身体的保养，多吃些补血、补水的食物，才能抵御来自经期等特殊时期的压力。同时，女性要注意缓解压力，让身心放松，才能找到更好的生活状态。

常见食物

常见的适合女性食用的食物有西红柿、冬瓜、丝瓜、玉米、赤豆、松子、红枣、白果、莲子、百合、雪蛤、虾等。

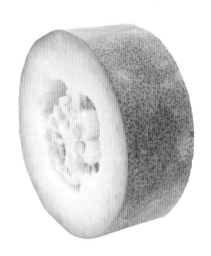

松子鲜玉米甜汤

[原料]
松子30克，玉米粒100克，红枣10克

[调料]
白糖15克

[做法]
1　砂锅中注入适量清水烧开，倒入红枣、玉米粒，拌匀。
2　加盖，大火煮开转小火煮15分钟至熟。
3　揭盖，放入松子，拌匀。
4　加盖，小火续煮10分钟至食材熟透。
5　揭盖，加入白糖，搅拌约1分钟至白糖溶化。
6　关火，将煮好的汤装入碗中即可。

扫一扫看视频　　时间：27分钟

玉米须冬葵子赤豆汤 时间：62分钟

[原料]

水发赤小豆⋯⋯⋯⋯⋯130克
玉米须⋯⋯⋯⋯⋯⋯⋯15克
冬葵子⋯⋯⋯⋯⋯⋯⋯15克

[调料]

白糖⋯⋯⋯⋯⋯⋯⋯⋯适量

[做法]

1 砂锅中注入适量的清水，大火烧开。

2 倒入赤小豆、冬葵子、玉米须，搅匀。

3 盖上锅盖，大火煮开转小火煮1小时至析出成分。

4 掀开锅盖，加入适量白糖。

5 持续搅拌片刻，至白糖溶化。

6 关火，将煮好的汤盛出装入碗中即可。

扫一扫看视频

 TIPS

赤小豆能利湿消肿、清热解毒，女性食用有助于消浮肿；其富含叶酸，产妇、乳母吃红小豆有催乳的功效。

白果红枣肚条汤 ⏱ 时间: 25分钟

[原料]

猪肚·······················150克
白果·······················40克
红枣·······················20克
姜片·······················少许

[调料]

盐·························2克
鸡粉·······················2克
黑胡椒粉····················适量
料酒·······················适量

[做法]

1 洗净的猪肚切条。

2 锅中注水烧开，放入猪肚条，汆煮一会儿以去除脏污。

3 淋入料酒，搅拌均匀以去除腥味，捞出，沥干待用。

4 电火锅中注水，倒入猪肚条、红枣、姜片、白果，搅拌均匀，加盖，将电火锅旋钮调至"高"。

5 待汤煮开，调至"低"，续炖20分钟至入味。

6 揭盖，加入盐、鸡粉、黑胡椒粉调味，焖煮片刻至入味。

7 最后将旋钮调至"关"，揭盖，将汤盛入碗中即可。

扫一扫看视频

 TIPS

猪肚具有补虚损、健脾胃的作用；红枣是女性补血佳品。本道汤品有很好的养胃理气的作用，适合女性食用。

补血养颜汤

时间：121分钟

【 原料 】

水发莲子·······················25颗
红枣·····························15颗
桂圆肉·························10颗
杏仁·····························10颗

【 调料 】

冰糖·····························10颗

【 做法 】

1 取出电饭锅，打开盖子，通电后倒入泡好的莲子。

2 放入洗净的红枣，倒入桂圆肉和杏仁。

3 加入冰糖，倒入适量清水。

4 盖上盖子，按下"功能"键，调至"甜品汤"功能，煮2小时至食材熟软入味。

5 按下"取消"键，打开盖子，搅拌一下。

6 断电后将煮好的甜品汤装碗即可。

扫一扫看视频

 TIPS

红枣益气补血；莲子养心安神；桂圆补中益气。本道汤品补血养颜的功效甚佳，特别适合女性食疗美容之用。

红枣冰糖雪蛤汤

时间：92分钟

[原料]

水发雪蛤油······················70克
红枣······························55克

[调料]

冰糖······························35克

[做法]

1 砂锅中注水，放入洗净的红枣、雪蛤油、冰糖，拌匀。

2 加盖，大火煮开后转小火煮90分钟至析出有效成分。

3 揭盖，稍稍搅拌至入味。

4 关火后盛出煮好的汤，装入碗中即可。

扫一扫看视频

TIPS

红枣具有补中益气、抗衰美容等功效；雪蛤油具有强身健体、护肤美容等功效。本道汤品能呵护女性健康。

苦瓜黄豆鸡脚汤

时间：123分钟

[原料]

鸡爪……………………120克
苦瓜……………………55克
瘦肉……………………60克
水发黄豆………………140克
姜片……………………少许

[调料]

盐………………………3克
鸡粉……………………少许

[做法]

1 将洗净的苦瓜去瓤，切小块；洗好的瘦肉切块；洗净的鸡爪对半切开。

2 锅中注水烧开，放入瘦肉块，搅匀；再倒入鸡爪，搅散。

3 汆煮一会儿，去除血渍，再捞出食材，沥干水分，待用。

4 砂锅中注入适量清水烧开，倒入汆好的食材。

5 倒入洗净的黄豆，撒上姜片，放入苦瓜块，搅匀。

6 盖盖，烧开后转小火煲煮约120分钟，至食材熟透。

7 揭盖，去除浮沫，加入盐、鸡粉，拌匀、略煮，至汤汁入味，盛出装碗即可。

扫一扫看视频

TIPS

黄豆能调节更年期妇女体内的激素水平，缓解更年期综合征和预防骨质疏松症，适合女性食用。

什锦海鲜冬瓜汤

[原料]

冬瓜80克，鱼丸50克，干虾仁30克，蛤蜊30克，葱花3克

[调料]

料酒4毫升，盐3克，食用油适量

[做法]

1 洗净去皮的冬瓜切成小块，待用。

2 电饭锅中放入虾仁、鱼丸、蛤蜊、冬瓜块。

3 淋上料酒、食用油，注入适量清水没过食材。

4 盖上锅盖，选定"靓汤"状态，定时20分钟。

5 待20分钟后，按下"取消"键。

6 打开锅盖，加入盐、葱花，搅匀调味。

7 将煮好的汤盛出装入碗中即可。

扫一扫看视频　时间：21分钟

虾米丝瓜汤

[原料]

去皮丝瓜120克，虾米20克

[调料]

鸡粉、胡椒粉各2克，食用油适量

[做法]

1 洗净去皮的丝瓜去籽，切块。

2 取一碗，注水，放入虾米，浸泡20分钟。

3 捞出浸泡好的虾米，沥干待用。

4 用油起锅，放入虾米，爆香。

5 倒入丝瓜块，炒匀，注水，煮至沸腾。

6 加入鸡粉、胡椒粉，稍稍搅拌至入味。

7 关火后盛出煮好的汤，装入碗中即可。

扫一扫看视频　时间：28分钟

莲子百合甜汤 时间：125分钟

[原料]

水发银耳·····················40克

水发百合·····················20克

水发莲子·····················30克

枸杞·······························5克

[调料]

冰糖·····························15克

[做法]

1 银耳切去根部，切成碎。

2 往焖烧罐中倒入银耳、百合、莲子，注入开水至八分满。

3 旋紧盖子摇晃片刻，静置1分钟，使食材和焖烧罐充分预热。

4 揭盖，将开水倒出，加入枸杞、冰糖。

5 再次注入沸水至8分满。

6 旋紧盖子，摇晃片刻，使食材充分混匀，焖烧2个小时。

7 揭盖，将焖烧好的甜汤盛入碗中即可。

TIPS

百合具有养心安神、润肺止咳的作用；莲子中所含的棉子糖是老少皆宜的滋补品。本品是女性的滋补佳品。

老年人

　　老年人，按照国际规定，即是指65周岁以上的人。老年人养生，注重健康、长寿是关键。为了预防各种病痛侵扰，保护心脏、大脑、腰腿等身体机能，老年人饮食一定要注重营养，保证各种营养素的摄入，多吃蔬食、熟食，但口味要尽可能清淡些，少吃高糖、高脂、高热量食品，更要避免过量进食。

常见食物

常见的适合老年人食用的食物有西红柿、白萝卜、山药、鸡肉、鸡爪、猪肚、排骨、海带、紫菜等。

西红柿洋芹汤

【原料】
芹菜45克，瘦肉95克，西红柿65克，洋葱75克，姜片少许

【调料】
盐2克

【做法】

1　洗净的洋葱切块；洗好的西红柿切块；洗净的芹菜切段；洗好的瘦肉切大块。

2　沸水锅中放入瘦肉块，氽煮片刻，捞出待用。

3　砂锅中注水烧开，倒入瘦肉、洋葱、西红柿、姜片，拌匀，加盖，大火煮开转小火煮1小时。

4　揭盖，放入芹菜段，拌匀，加盖，续煮10分钟至芹菜熟。

5　揭盖，加入盐，搅拌至入味，盛出即可。

扫一扫看视频

时间：72分钟

核桃栗子瘦肉汤

时间：150分钟

[原料]

瘦肉块·······················70克
核桃仁·······················20克
板栗肉·······················30克
玉米段·······················60克
胡萝卜块·····················50克
高汤·························适量

[调料]

盐···························2克

[做法]

1 锅中注水烧开，倒入洗净的瘦肉块，汆煮片刻后捞出，过一次冷水。

2 锅中注入高汤，放入汆过水的瘦肉块及备好的玉米段、核桃仁、胡萝卜块、板栗肉，搅拌片刻。

3 盖上锅盖，大火煮15分钟后转中火煮1~3小时至食材熟软。

4 加入盐，搅拌均匀至食材入味，盛出装碗即可。

扫一扫看视频

TIPS

核桃仁含有多种维生素、不饱和脂肪酸、钙、磷、铁等营养成分，有补虚强体、健胃、补血、润肺、养神等功效。

冬菇玉米排骨汤

时间：62分钟

[原料]

去皮胡萝卜················ 100克
玉米····················· 170克
排骨块··················· 250克
水发冬菇················· 60克

[调料]

盐······················· 2克

[做法]

1 洗净去皮的胡萝卜切滚刀块；洗好的玉米切段；洗净的冬菇去柄。

2 锅中注入适量清水烧开，放入洗净的排骨块，汆煮片刻。

3 关火后捞出汆煮好的排骨块，沥干水分，装入盘中，待用。

4 砂锅中注入适量清水烧开，倒入排骨块、胡萝卜块、玉米段、冬菇，拌匀。

5 加盖，大火煮开后转小火煮1小时至食材熟透。

6 揭盖，加入盐，稍稍搅拌至入味。

7 关火后盛出煮好的汤，装入碗中即可。

扫一扫看视频

TIPS

冬菇具有延缓衰老、防癌抗癌、降血压、降血脂等作用。
本道汤品的滋补效果明显，能提高老年人的睡眠质量。

酸辣肚丝汤

时间：5分钟

[原料]

卤猪肚⋯⋯⋯⋯⋯⋯110克
水发木耳⋯⋯⋯⋯⋯⋯55克
泡椒⋯⋯⋯⋯⋯⋯⋯20克
香菜⋯⋯⋯⋯⋯⋯⋯少许
葱段⋯⋯⋯⋯⋯⋯⋯少许
姜片⋯⋯⋯⋯⋯⋯⋯少许

[调料]

盐⋯⋯⋯⋯⋯⋯⋯⋯2克
鸡粉⋯⋯⋯⋯⋯⋯⋯2克
胡椒粉⋯⋯⋯⋯⋯⋯2克
陈醋⋯⋯⋯⋯⋯⋯⋯3毫升
辣椒油⋯⋯⋯⋯⋯⋯5毫升
食用油⋯⋯⋯⋯⋯⋯适量

[做法]

1 将泡发好的木耳切碎；洗净的泡椒切去柄，切等长小段；卤猪肚切成粗条，待用。

2 用油起锅，倒入姜片、葱段、泡椒，爆香。

3 往锅中注入适量的清水，倒入猪肚、木耳，拌匀，煮至沸。

4 撒上盐、鸡粉、胡椒粉，淋上陈醋、辣椒油，充分拌匀，煮至沸腾。

5 关火后将煮好的汤盛入碗中，放上香菜即可。

扫一扫看视频

TIPS

木耳有增强人体抗病能力的作用；猪肚有补虚损、健脾胃、益气血的作用。本道汤品适合老年人补益身体。

山药鸡肉煲汤 ⏱ 时间：48分钟

[原料]

鸡块·····················165克
山药·····················100克
川芎······················少许
当归······················少许
枸杞······················少许

[调料]

盐··························2克
鸡粉························2克

[做法]

1 将洗净去皮的山药切滚刀块。

2 锅中注入适量清水烧开，放入洗净的鸡块，搅散。

3 汆煮一会儿，去除血渍，再捞出汆好的食材，待用。

4 砂锅中注入适量清水烧开，放入汆好的鸡块。

5 倒入洗净的川芎、当归，倒入山药块，搅匀，撒上枸杞。

6 盖盖，烧开后转小火煲煮约45分钟，至食材熟透。

7 揭盖，加入盐、鸡粉，搅匀，续煮一小会儿。

8 关火后盛出鸡汤，装在碗中即可。

扫一扫看视频

 TIPS

山药可补中益气；鸡肉有补虚填精、健脾胃、活血脉、强筋骨的功效。本道汤品能帮助提高老年人关节灵活度。

鸡肉西红柿汤

时间：31分钟

[原料]

鸡肉 ···························· 200克
西红柿 ························· 70克
姜片 ···························· 10克
葱花 ····························· 5克

[调料]

盐 ····························· 3克

[做法]

1 处理好的鸡肉切成片。

2 洗净的西红柿切成瓣，再切成块，待用。

3 备好电饭锅，加入备好的鸡肉、西红柿。

4 再放入姜片、盐，注入适量清水，拌匀。

5 盖上盖，按下"功能"键，调至"靓汤"状态，时间定为30分钟，煮至食材熟透。

6 待30分钟后，按下"取消"键，打开锅盖，倒入葱花，拌匀。

7 将煮好的汤盛出装入碗中即可。

扫一扫看视频

TIPS

鸡肉是高蛋白、低脂肪的健康食品，其所含营养物质丰富并极易被人体吸收，所以有温中益气、补益虚损的作用。

清炖鱼汤

时间：71分钟

[原料]

沙光鱼300克，豆腐75克，上海青20克，姜片10克，葱花3克

[调料]

盐3克，水淀粉4毫升，料酒4毫升，食用油适量

[做法]

1. 洗净的上海青切成小段；沙光鱼切片，加入盐、水淀粉，再放入姜片、食用油、料酒，搅拌匀，腌渍半小时。
2. 备好电饭锅，倒入鱼片，注入适量清水，搅匀。
3. 盖上盖，按下"功能"键，调至"靓汤"状态，时间定为30分钟，将食材煮好。
4. 按下"取消"键，打开盖，加入豆腐、上海青，拌匀。
5. 盖上盖，调至"靓汤"状态，再焖10分钟。
6. 待煮好，按下"取消"键，打开盖，放入葱花拌匀，盛出即可。

扫一扫看视频

TIPS

上海青可润肠通便；沙光鱼可暖中益气。本道汤品对老年人有一定的保健作用。

海带苹果汤

[原料]

苹果100克，胡萝卜90克，水发海带丝70克，水发紫菜50克，瘦肉80克

[调料]

盐3克

[做法]

1. 将洗好的苹果去核，切小块；洗净去皮的胡萝卜切滚刀块；洗净的瘦肉切块。

2. 沸水锅中放入瘦肉块，汆煮后捞出，待用。

3. 砂锅中注水烧开，倒入瘦肉、胡萝卜、苹果、海带丝、紫菜，搅匀，大火煮沸。

4. 盖上盖，转小火煲煮约60分钟，至食材熟透。

5. 揭盖，加入盐，搅匀，续煮至汤汁入味，盛在碗中即可。

时间：63分钟　扫一扫看视频

冬瓜蛤蜊汤

[原料]

冬瓜110克，蛤蜊180克，香菜10克，姜片少许

[调料]

盐2克，鸡粉2克，白胡椒粉适量

[做法]

1. 洗净去皮的冬瓜切成片，待用。

2. 锅中注水烧开，倒入冬瓜片、姜片，搅拌匀。

3. 盖上盖，大火煮5分钟至食材变软。

4. 掀盖，倒入蛤蜊，拌匀，煮至开壳。

5. 加入盐、鸡粉、白胡椒粉调味。

6. 关火后盛入碗中，撒上香菜即可。

时间：7分钟

营养汤

Ying yang tang

PART 4

按四季选营养汤，
很方便

春生夏长，秋收冬藏，四季自有其变幻规律，
汤煲的选择也应适合自然变幻，选择合适的食材。
本章根据季节，精选不同种类的营养汤，
让您调养身体能够事半功倍。

春季汤

　　春天是"复苏"的季节，最适合来一碗养生补气汤。医学上指出，"春养于肝"，春天是养肝的季节，适合喝补肝益肝的汤，当然，也要根据每个人不同的体质而定。

　　春天大多选择温和、清淡、补气的食物做汤。例如山药就是很好的食材，其含有大量人体必需的B族维生素、维生素C和蛋白质、铁等有益成分，而且其药性甘淡平和，是绿色保健食品。

常见食物

常见春季煲汤食物有红薯、山药、土豆、鸡蛋、鹌鹑蛋、鸡肉、鹌鹑肉、牛肉、瘦猪肉、鲜鱼、花生、芝麻、红枣、栗子、菌菇类等。气血不足的人可选用阿胶、红枣、鸡蛋、芝麻、花生等食物煲汤。

白果猪皮汤

[原料]
白果12颗，甜杏仁10克，猪皮100克，八角少许，葱花、葱段、姜片、花椒各适量

[调料]
料酒、芝麻油、盐各少许

[做法]

1　锅中注水烧开，倒入切好的猪皮拌匀，加入八角、花椒，拌匀，焯煮去除腥味，捞出待用。

2　砂锅中注水，放入猪皮，加入洗净的甜杏仁和白果、姜片、葱段，拌匀。

3　用大火煮开，撇去浮沫，加入少许料酒，拌匀，盖上盖，用小火煮30分钟至食材熟透。

4　揭盖，加入盐，拌匀，关火后盛出煮好的汤，装在碗中，淋入芝麻油，撒上葱花即可。

扫一扫看视频

时间：40分钟

老冬瓜木棉荷叶汤

时间：77分钟

[原料]

冬瓜·····················350克
瘦肉块·················100克
通草·······················5克
木棉花·····················5克
荷叶·······················5克

[调料]

盐·························2克
鸡粉·······················2克
料酒·····················5毫升

[做法]

1 锅中注水烧开，倒入瘦肉块，略煮一会儿，捞出待用。

2 砂锅中注水，倒入瘦肉、木棉花、荷叶、通草，加料酒拌匀。

3 盖盖，大火煮开后转小火续煮40分钟，至药材析出有效成分。

4 揭盖，拣出荷叶，倒入冬瓜块，盖上盖，续煮30分钟。

5 揭盖，加盐、鸡粉，拌匀，煮5分钟至食材入味。

6 关火后盛出煮好的汤料，装入碗中即可。

扫一扫看视频

TIPS

冬瓜具有化痰止咳、利水消肿的作用；瘦肉能够滋养脾胃。本品适合春季煲汤食用。

牛肉蔬菜汤

[原料]

土豆150克，洋葱150克，西红柿100克，牛肉200克，蒜末、葱段各少许

[调料]

盐、鸡粉各3克，料酒10毫升，水淀粉适量

[做法]

1 材料洗净；西红柿切片；土豆去皮，切片；洋葱切块；牛肉切片。

2 牛肉装入碗中，加盐、鸡粉、料酒、水淀粉，拌匀，腌渍10分钟。

3 沸水锅中倒入土豆，煮1分钟，放入洋葱，煮2分钟。

4 加入葱段、蒜末，拌匀，倒入西红柿，拌匀。

5 加入牛肉，拌匀，煮2分钟。

6 加盐、鸡粉，拌匀，撇去浮沫，盛出即可。

扫一扫看视频　时间：8分钟

无花果煲羊肚

[原料]

羊肚300克，无花果10克，蜜枣10克，姜片少许

[调料]

盐2克，鸡粉3克，胡椒粉、料酒各适量

[做法]

1 沸水锅中倒入羊肚，淋入料酒，略煮后捞出。

2 砂锅中放入羊肚、蜜枣、姜片、无花果。

3 注入适量清水，淋入少许料酒。

4 盖上盖，用大火煮开后转小火煮2小时。

5 揭盖，放入盐、鸡粉、胡椒粉，拌匀即可。

扫一扫看视频　时间：125分钟

干贝菌菇鸡汤

 时间：123分钟

[原料]

鸡肉450克，口蘑75克，蟹味菇60克，
白玉菇65克，金针菇45克，茶树菇30
克，水发干贝40克，姜片、葱段各少许

[调料]

盐、鸡粉各2克，料酒6毫升

[做法]

1　材料洗净，口蘑对半切开。

2　锅中注水烧开，放入鸡肉，拌匀，煮2分钟，捞出待用。

3　取备好的炖盅，放入鸡肉、金针菇、茶树菇、口蘑、蟹味菇、白
　　玉菇。

4　倒入干贝，撒上姜片、葱段，注水，压紧食材。

5　加盐、鸡粉，淋入料酒，盖上盅盖，静置一会儿。

6　蒸锅上火烧开，放入炖盅，盖上盖，小火炖2小时。

7　关火后揭盖，取出炖盅，食用时揭开盅盖即可。

扫一扫看视频

TIPS

口蘑有补虚、增强免疫力、
滋润皮肤的作用，适合春季
煲汤食用。

麦冬黑枣土鸡汤

时间：72分钟

[原料]

鸡腿⋯⋯⋯⋯⋯⋯700克
麦冬⋯⋯⋯⋯⋯⋯⋯5克
黑枣⋯⋯⋯⋯⋯⋯⋯10克
枸杞⋯⋯⋯⋯⋯⋯⋯适量

[调料]

盐⋯⋯⋯⋯⋯⋯⋯⋯1克
料酒⋯⋯⋯⋯⋯⋯⋯10毫升
米酒⋯⋯⋯⋯⋯⋯⋯5毫升

[做法]

1 锅中注水烧开，倒入洗净切好的鸡腿，加入料酒，拌匀。

2 汆煮一会儿，捞出待用。

3 另起砂锅，注水烧热，倒入麦冬、黑枣、鸡腿，加料酒拌匀。

4 加盖，大火煮开后转小火续煮1小时。

5 揭盖，加入枸杞，放入盐、米酒，拌匀，续煮10分钟。

6 关火后盛出煮好的汤，装在碗中即可。

扫一扫看视频

TIPS

黑枣具有润肠通便、降脂降糖、提高免疫力、滋补养颜等作用，与鸡肉一同煲汤可以补脾养气，适合春季食用。

红豆鸭汤

[原料]

水发红豆250克，鸭腿肉300克，姜片、葱段各少许

[调料]

盐2克，鸡粉2克，胡椒粉、料酒各适量

[做法]

1　锅中注水烧开，倒入鸭腿肉，淋入料酒，略煮一会儿，捞出备用。

2　砂锅中注水烧开，倒入红豆、鸭腿、姜片、葱段，淋入料酒。

3　盖盖，大火煮开后转小火煮1小时至食材熟透。

4　揭盖，放入盐、鸡粉、胡椒粉，拌匀调味。

5　关火后盛出煮好的汤料，装入碗中即可。

时间：62分钟　　扫一扫看视频

海底椰螺片汤

[原料]

鲜海底椰300克，水发螺片200克，甜杏仁10克，蜜枣3个，姜片少许

[调料]

盐2克，料酒适量

[做法]

1　洗净的螺片斜刀切片。

2　砂锅中注水，倒入蜜枣、甜杏仁、螺片、海底椰、姜片。

3　淋入少许料酒，加盖，小火煮30分钟。

4　揭盖，加入盐，搅拌均匀至入味。

5　关火，盛出煮好的汤，装入碗中即可。

时间：32分钟　　扫一扫看视频

海蜇肉丝鲜汤

[原料]

海蜇175克，黄豆芽75克，瘦肉110克，去皮胡萝卜95克，姜片少许

[调料]

盐、鸡粉各2克，胡椒粉4克，料酒5毫升，水淀粉、食用油各适量

[做法]

1 材料洗净；海蜇、胡萝卜、瘦肉切丝。

2 瘦肉丝中加盐、料酒、胡椒粉、水淀粉、食用油，拌匀，腌渍10分钟。

3 锅中注油，加入姜片，爆香。

4 注水，放入海蜇、胡萝卜，拌匀，煮至沸腾。

5 倒入瘦肉、黄豆芽，加入盐、鸡粉、胡椒粉，搅拌至入味，盛出即可。

 扫一扫看视频　 时间：15分钟

干贝胡萝卜芥菜汤

[原料]

芥菜100克，胡萝卜30克，春笋50克，水发干贝8克，水发香菇15克

[调料]

盐2克，鸡粉3克，胡椒粉适量

[做法]

1 材料洗净；春笋、胡萝卜去皮，切片；芥菜切小段。

2 锅中注水烧开，倒入春笋，煮5分钟，捞出。

3 砂锅中注水，倒入干贝、香菇、春笋，拌匀，煮至沸。

4 倒入胡萝卜、芥菜，拌匀，盖上盖，续煮15分钟至食材熟透。

5 揭盖，加盐、鸡粉、胡椒粉拌匀，盛出即可。

 扫一扫看视频　 时间：22分钟

虫草红枣炖甲鱼 ⏱ 时间：65分钟

[原料]

甲鱼·····················600克
冬虫夏草·················少许
红枣·····················少许
姜片·····················少许
蒜瓣·····················少许

[调料]

盐······················2克
鸡粉····················2克
料酒····················5毫升

[做法]

1 砂锅中注入适量清水烧开，倒入洗净的甲鱼块。

2 放入洗好的红枣、冬虫夏草，放入姜片、蒜瓣，拌匀。

3 盖上盖，用大火煮开后转小火续煮1小时至食材熟透。

4 揭盖，加入盐、料酒、鸡粉，拌匀。

5 关火后盛出煮好的甲鱼汤，装入碗中。

扫一扫看视频

 TIPS

甲鱼含有蛋白质、维生素A、B族维生素及多种矿物质，可清热养阴、补血补肝、滋补养颜，适合春季平补。

夏季汤

　　夏日炎炎，在高温环境下，人体大量出汗会使体液减少，影响消化液的分泌。较多地饮水虽然可以满足身体水分需要，却会因此冲淡胃酸，使人食欲不振，削弱胃肠道功能，使消化吸收能力下降。

　　这时候需要多喝汤品，补充水分的同时还可以补充缺失的维生素和矿物质等营养素。夏季煲汤主要是以清补、祛湿、健脾、消暑为主要原则。

常见食物

夏季常见的煲汤食物有白菜、金针菇、香菇、上海青、胡萝卜、绿豆、荷叶、花生、山药、薏米、莲藕、菱角、莲子、豆腐、鸡肉等。

鲜奶白菜汤

［原料］
白菜80克，牛奶150毫升，鸡蛋1个，红枣5克

［调料］
盐2克

［做法］

1　材料洗净；白菜切成粗条；红枣切开，去核。

2　取一个碗，打入鸡蛋，搅散，即成蛋液。

3　砂锅中注入适量清水，倒入红枣，盖盖，小火煮15分钟。

4　揭盖，放入牛奶、白菜，盖盖，小火煮5分钟。

5　揭盖，加盐，倒入蛋液，拌匀，煮至蛋花成形，盛出即可。

扫一扫看视频　　时间：22分钟

金针菇蔬菜汤

时间：14分钟

[原料]

金针菇	30克
香菇	10克
上海青	20克
胡萝卜	50克
清鸡汤	300毫升

[调料]

盐	2克
鸡粉	3克
胡椒粉	适量

[做法]

1 材料洗净；上海青切成小瓣；胡萝卜去皮，切片；金针菇切去根部。

2 砂锅中注水，倒入鸡汤，盖盖，用大火煮至沸。

3 揭盖，倒入金针菇、香菇、胡萝卜，拌匀，盖盖，煮10分钟。

4 揭盖，倒入上海青，加盐、鸡粉、胡椒粉，拌匀。

5 关火后盛出煮好的汤料，装入碗中即可。

扫一扫看视频

 TIPS

金针菇具有益气补血、增强免疫力、开胃消食的作用，适合夏季食用。

荷叶扁豆绿豆汤

[原料]

瘦肉100克，荷叶15克，水发绿豆90克，水发扁豆90克，陈皮30克

[调料]

盐2克

[做法]

1 洗净的瘦肉切大块。

2 锅中注水烧开，放入瘦肉块，汆煮片刻，捞出待用。

3 砂锅中注水烧开，倒入瘦肉块、荷叶、陈皮、扁豆、绿豆，拌匀。

4 加盖，大火煮开后转小火煮1小时至熟。

5 揭盖，加入盐，搅拌片刻至入味，盛出即可。

扫一扫看视频　 时间：62分钟

陈皮绿豆汤

[原料]

水发绿豆200克，水发陈皮丝8克

[调料]

冰糖适量

[做法]

1 砂锅中注水烧开，倒入备好的绿豆，搅拌匀。

2 盖上盖，煮开后转小火煮40分钟。

3 揭盖，倒入陈皮丝，搅匀，盖上盖，煮15分钟。

4 揭盖，倒入冰糖搅匀，煮至溶化，盛出即可。

扫一扫看视频　 时间：58分钟

椰奶花生汤 时间：47分钟

[原料]

花生……………………100克
去皮芋头………………150克
牛奶……………………200毫升
椰奶……………………150毫升

[调料]

白糖……………………30克

[做法]

1　洗净的芋头切厚片，切粗条，改切成块。

2　锅中注水烧开，倒入花生、切好的芋头，拌匀。

3　盖上盖，用大火煮开后转小火续煮40分钟至食材熟软。

4　揭盖，倒入牛奶、椰奶，拌匀，盖上盖，大火煮开。

5　揭盖，加入白糖，搅拌至溶化，盛出即可。

扫一扫看视频

 TIPS

芋头含多种营养物质，能够益胃、健脾、解毒、补中、益肝肾，适合夏季清补。

健脾山药汤

[原料]

排骨250克，姜片10克，山药200克

[调料]

盐2克，料酒5毫升

[做法]

1　锅中注水烧开，放入切好洗净的排骨。

2　加料酒，拌匀，焯煮5分钟，捞出待用。

3　砂锅中注水烧开，放入姜片，倒入排骨、料酒，拌匀。

4　盖上盖，用小火煮30分钟。

5　揭盖，放入洗净切好的山药，拌匀。

6　盖上盖，用大火煮开后转小火续煮30分钟。

7　揭盖，加盐，拌匀，关火后盛出即可。

扫一扫看视频　　时间：62分钟

扁豆薏米排骨汤

[原料]

水发扁豆30克，水发薏米50克，排骨200克

[调料]

料酒8毫升，盐2克

[做法]

1　锅中注水烧开，倒入排骨，淋入料酒，捞出。

2　砂锅中注水烧热，放入排骨、薏米、扁豆，搅拌片刻。

3　盖上盖，烧开后转小火煮1个小时。

4　掀盖，加盐，搅拌至食材入味，盛出即可。

扫一扫看视频　　时间：61分钟

莲藕菱角排骨汤

时间: 47分钟

[原料]

排骨···················300克
莲藕···················150克
菱角····················30克
胡萝卜··················80克
姜片····················少许

[调料]

盐······················2克
鸡粉····················3克
胡椒粉··················适量
料酒····················适量

[做法]

1 材料洗净；菱角去壳，对半切开；胡萝卜、莲藕去皮，切块。

2 锅中注水烧开，倒入排骨块，淋入料酒，捞出备用。

3 砂锅中注水烧开，放入排骨，淋入适量料酒，盖上盖，大火煮 15分钟。

4 揭盖，倒入莲藕、胡萝卜、菱角，盖上盖，小火煮5分钟。

5 揭盖，放入姜片，再盖上盖，小火续煮25分钟。

6 揭盖，加盐、鸡粉、胡椒粉，拌匀，关火后盛出即可。

扫一扫看视频

TIPS

莲藕含有蛋白质、膳食纤维、维生素C、钙、铁等营养成分，能够益气补血、止血散瘀、健脾开胃。

莲子鲫鱼汤

时间：34分钟

[原料]

鲫鱼1条，莲子30克，姜3片，葱白3克

[调料]

盐3克，食用油15毫升，料酒5毫升

[做法]

1　用油起锅，放入处理好的鲫鱼，轻轻晃动煎锅，使鱼头、鱼尾都沾上油。

2　盖上盖，煎1分钟至金黄色，揭盖，翻面，再煎1分钟至金黄色。

3　倒入热水，没过鱼身，加葱白、姜片、料酒，盖上盖，大火煮沸。

4　揭盖，倒入泡好的莲子，拌匀，盖上盖，小火煮30分钟。

5　揭盖，倒入盐，拌匀调味，盛入碗中即可。

扫一扫看视频　TIPS

鲫鱼具有增强抵抗力、益气健脾、清热解毒、利水消肿等功效，适合夏天食用。

小墨鱼豆腐汤

⏱ 时间：10分钟

[原料]

豆腐···················250克
小墨鱼···············150克
香菜·····················少许
葱段·····················少许
姜片·····················少许

[调料]

盐·························2克
鸡粉·····················2克
料酒·····················8毫升

[做法]

1 洗净的豆腐切成小块，备用。

2 锅中注水烧开，倒入处理好的小墨鱼，淋入料酒，搅匀，捞出。

3 锅中注水烧开，倒入小墨鱼，放入姜片、葱段，倒入豆腐块。

4 加盐、鸡粉，搅匀调味，放入香菜，搅匀，略煮一会儿。

5 关火后将煮好的汤料盛出，装入碗中即可。

扫一扫看视频

TIPS

莲藕含有蛋白质、膳食纤维、维生素C、钙、铁等营养成分，能够益气补血、止血散瘀、健脾开胃。

秋季汤

秋季天高气爽，气温逐渐降低，天气忽冷忽热，变化急剧。宜多食温食，少食寒凉之物，以保护胃气。秋天气候干燥，容易引起咳嗽、皮肤干、声嘶、便秘、嘴唇干裂等健康问题，选用的煲汤材料最好是滋润之品。秋季煲汤常用食材中百合有润肺止咳的功效，菊花清心养神、生津祛风，莲子滋补强身，山药则老少咸宜。

常见食物

秋季常用煲汤食物有胡萝卜、莲子、百合、马蹄、白果、扁豆、猪瘦肉、木耳、鲫鱼、苦瓜、冬瓜、虾仁、枸杞等。

佛手胡萝卜马蹄汤

[原料]

胡萝卜50克，马蹄肉100克，佛手10克，葱段少许

[调料]

盐2克，胡椒粉4克

[做法]

1 材料洗净；胡萝卜去皮切圆片；佛手切成段。

2 砂锅中注水，倒入马蹄、胡萝卜、佛手拌匀。

3 盖上盖，煮开后用小火煮20分钟。

4 揭盖，倒入葱段，加盐、胡椒粉，拌匀，盛出即可。

 时间：27分钟

莲子百合安眠汤

⏱ 时间：1小时5分钟

[原料]

水发莲子⋯⋯⋯⋯⋯⋯50克
水发百合⋯⋯⋯⋯⋯⋯40克
水发银耳⋯⋯⋯⋯⋯⋯250克

[调料]

冰糖⋯⋯⋯⋯⋯⋯20克

[做法]

1 材料洗净；银耳切去根部，切小块。

2 砂锅中注水烧开，倒入银耳、莲子，拌匀。

3 盖上盖，用大火煮开后转小火续煮40分钟。

4 揭盖，放入百合，拌匀，盖上盖，煮20分钟至熟。

5 揭盖，加入冰糖，搅拌至溶化，关火后盛出即可。

扫一扫看视频

TIPS

百合、莲子能润肺止咳、养心除烦，适合秋天煲汤食用，
以滋润五脏。

红枣白果绿豆汤

 时间：35分钟

[原料]

水发绿豆·······················150克
白果··································80克
红枣··································15克

[调料]

冰糖··································10克

[做法]

1 砂锅中注水烧开，倒入白果、红枣、绿豆。

2 盖上盖，大火煮开后转小火煮30分钟。

3 揭盖，加入冰糖，搅拌匀，煮至冰糖溶化。

4 关火后将煮好的甜汤盛出，装入碗中即可。

扫一扫看视频

TIPS

白果含维生素C、B族维生素、胡萝卜素等营养成分，有益肺气、祛痰定喘、美容养颜的作用，适合秋季食用。

白扁豆瘦肉汤

[原料]

白扁豆100克，瘦肉块200克，姜片少许

[调料]

盐少许

[做法]

1 锅中注水烧开，倒入瘦肉块搅匀，汆去血水，捞出待用。

2 砂锅中注水，大火烧热，倒入白扁豆、瘦肉，放入姜片。

3 盖上盖，烧开后转小火煮1个小时。

4 掀盖，放入盐，搅拌片刻，使食材更入味。

5 关火，将煮好的汤盛出装入碗中即可。

时间：61分钟　扫一扫看视频

天冬川贝瘦肉汤

[原料]

天冬8克，川贝10克，猪瘦肉500克，蛋液15克，姜片、葱段各少许

[调料]

料酒8毫升，盐2克，鸡粉2克，水淀粉3毫升

[做法]

1 处理干净的瘦肉切成薄片，装入蛋液碗中，加入盐。

2 再淋入料酒、水淀粉，搅匀腌渍片刻。

3 砂锅中注水烧开，倒入川贝、天冬。

4 盖上盖，大火煮30分钟至药性析出。

5 掀盖，放入瘦肉、姜片、葱段。

6 加料酒、盐、鸡粉搅匀后煮5分钟，盛出即可。

时间：36分钟　扫一扫看视频

枸杞木耳乌鸡汤

 时间：120分钟

[原料]

乌鸡块400克，木耳40克，枸杞10克，
姜片少许

[调料]

盐3克

[做法]

1 锅中注水烧开，放入乌鸡，搅拌氽去血沫，捞出待用。

2 砂锅中注水大火烧热，倒入乌鸡、木耳、枸杞、姜片，搅拌匀。

3 盖上盖，煮开后转小火煮2小时。

4 掀盖，加盐，搅拌片刻，盛入碗中即可。

扫一扫看视频

TIPS

木耳具有增强免疫力、清理肠道、开胃消食等作用，适用于秋季滋补身体。

玉竹党参鲫鱼汤

[原料]

鲫鱼500克，去皮胡萝卜150克，玉竹5克，党参7克，姜片少许

[调料]

盐、鸡粉各1克，料酒、食用油各适量

[做法]

1 材料洗净；胡萝卜切成丝；鲫鱼处理干净。

2 砂锅中注油，放入鲫鱼、姜片，加入料酒，注水。

3 倒入玉竹、党参，拌匀，加盖，大火煮开转小火煲15分钟。

4 揭盖，倒入胡萝卜，加盖，续煮10分钟。

5 揭盖，加盐、鸡粉，拌匀，关火后盛出即可。

时间：30分钟　扫一扫看视频

苦瓜牛蛙汤

[原料]

苦瓜块150克，牛蛙300克，蒲公英5克，清鸡汤200毫升

[调料]

盐、鸡粉各2克，料酒5毫升

[做法]

1 砂锅中注水、清鸡汤，放入蒲公英。

2 盖上盖，大火煮开后转小火煮20分钟。

3 揭盖，捞出蒲公英，倒入切好的牛蛙、苦瓜块，加料酒，拌匀。

4 盖上盖，大火煮开转小火煮40分钟。

5 揭盖，加盐、鸡粉拌匀，盛出即可。

时间：62分钟　扫一扫看视频

红参淮杞甲鱼汤

时间：62分钟

[原料]

甲鱼块·····················800克
桂圆肉·······················8克
枸杞·························5克
红参·························3克
淮山·························2克
姜片························少许

[调料]

盐··························2克
鸡粉·························2克
料酒·······················4毫升

[做法]

1 砂锅中注水烧开，倒入姜片、红参、淮山、桂圆肉、枸杞。

2 再倒入洗净的甲鱼块，淋入少许料酒。

3 盖上盖，小火煮约1小时至其熟软。

4 揭盖，加盐、鸡粉，搅拌均匀，煮至食材入味。

5 将煮好的汤料盛出，装入碗中即可。

扫一扫看视频

 TIPS

甲鱼可增强免疫力、清热养阴、平肝熄风、软坚散结，适合秋季煲汤食用。

冬瓜虾仁汤

[原料]

去皮冬瓜200克，虾仁200克，姜片4克

[调料]

盐2克，料酒4毫升，食用油适量

[做法]

1　材料洗净，冬瓜切片。

2　取出电饭锅，通电后倒入冬瓜、虾仁。

3　放入姜片，倒入料酒、食用油，加水至没过食材，搅匀。

4　盖上盖子，按下"功能"键，调至"靓汤"状态，煮30分钟。

5　按下"取消"键，打开盖子，加盐调味。

6　断电后将煮好的汤装碗即可。

 时间：32分钟　扫一扫看视频

枸杞海参汤

[原料]

海参300克，香菇15克，枸杞10克，姜片、葱花各少许

[调料]

盐2克，鸡粉2克，料酒5毫升

[做法]

1　砂锅中注水烧热，放入海参、香菇、枸杞、姜片，淋入料酒，搅拌片刻，盖上盖，煮开后转小火煮1小时。

2　掀盖，加盐、鸡粉，搅匀煮开，使食材入味。

3　关火，将煮好的汤盛出装入碗中，撒上葱花。

时间：61分钟　扫一扫看视频

冬季汤

　　冬季是匿藏精气的时节，通过合理的饮食、适当的运动，以达到保养精气、强身健体、延年益寿的目的。俗话里"三九补一冬，来年无病痛"说的也是这个道理。

　　人们常说，药补不如食补，食补的方式有很多，而其中汤补可谓是"食补之首"。冬季进补能够增强人的免疫力，改善畏寒症状，调节体内的新陈代谢。

🧺 常见食物

冬季常用煲汤食物有黑枣、薏米、苹果、虾米、牛肉、鸡肉、芡实、排骨、银耳、乌龟、生鱼、藕、紫菜、海带、豆腐、黄芪、西洋参等。

薏米南瓜汤

[原料]
南瓜150克，水发薏米100克，火腿15克，火腿末少许，葱花少许

[调料]
盐2克

[做法]
1　材料洗净；南瓜去皮，切片；火腿切片。
2　取一个蒸碗，摆放好南瓜、火腿片，待用。
3　砂锅中注水，倒入薏米，盖上盖，大火煮开后转小火煮2小时，盛出薏米。
4　在南瓜和火腿片上撒入盐，倒入薏米汤。
5　将蒸碗放入烧开的蒸锅中，大火蒸25分钟。
6　揭盖，取出蒸碗，撒上火腿末、葱花即可。

扫一扫看视频　　🕐 时间：147分钟

莲子百合排骨汤

[原料]

百合10克，莲子15克，红枣20克，党参、枸杞各5克，排骨200克，玉米100克

[调料]

盐适量

[做法]

1 莲子倒入装有清水的碗中，泡发1小时；将百合、枸杞和红枣、党参分别放入装有清水的碗中，泡发10分钟；玉米切段洗净。

2 锅中注水大火烧开，倒入备好的排骨块，汆煮去杂质，捞出，沥水。

3 锅中注水，倒入排骨、玉米、莲子、红枣、党参，大火煮开后转小火煮100分钟。

4 倒入百合、枸杞，小火续煮20分钟，放盐调味，盛出装碗即可。

时间：122分钟　扫一扫看视频

牛肉莲子红枣汤

[原料]

红枣15克，牛肉块250克，莲子10克，姜片、葱段各少许

[调料]

盐3克，料酒适量

[做法]

1 锅中注水烧开，放入牛肉块，略煮，捞出。

2 砂锅中注水烧开，倒入牛肉、莲子、红枣、姜片、葱段，淋入料酒，盖上盖，用大火煮开后转小火煮2小时至食材熟透。

3 揭盖，放入盐调味，盛出即可。

时间：123分钟　扫一扫看视频

电饭锅炖鸡汤 时间：122分钟

[原料]

鸡肉……………………100克
猪瘦肉…………………50克
红枣……………………3颗
水发香菇………………5朵
姜片……………………3克

[调料]

盐………………………2克
鸡粉……………………2克

[做法]

1 材料洗净；取电饭锅，通电后倒入鸡肉、猪瘦肉、红枣、香菇、姜片。
2 加水至没过食材，搅匀。
3 按下"功能"键，调至"靓汤"状态，煮2小时。
4 按下"取消"键，打开盖，加入盐、鸡粉，搅匀调味。
5 断电后将煮好的汤装碗即可。

扫一扫看视频

 TIPS

鸡肉和猪肉都是味美且营养价值较高的肉类，含有丰富蛋白质，能补中益气、强健体格，适用于冬季补虚。

芡实苹果鸡爪汤

[原料]

鸡爪6只，苹果1个，水发芡实50克，花生15克，蜜枣1颗，胡萝卜丁100克

[调料]

盐3克

[做法]

1 材料洗净；鸡爪去趾甲；苹果取肉切块。

2 锅中注水烧开，倒入鸡爪搅匀，煮1分钟，捞出过凉水，待用。

3 砂锅中注水，倒入芡实、鸡爪、胡萝卜、蜜枣、花生，拌匀。

4 加盖，大火煮开后转小火续煮30分钟。

5 揭盖，去除浮沫，倒入苹果，拌匀，加盖，续煮10分钟。

6 揭盖，加盐，拌匀，盛出即可。

 时间：45分钟　扫一扫看视频

西洋参银耳生鱼汤

[原料]

生鱼500克，水发银耳15克，枸杞5克，西洋参3克，葱段、姜片各少许

[调料]

盐2克，鸡粉1克，水淀粉5毫升，料酒少许

[做法]

1 材料洗净；银耳切去根部，再切小块；生鱼去掉鱼骨。

2 把鱼骨切成段，鱼肉斜刀切片，留下鱼皮。

3 鱼肉中加盐、水淀粉，拌匀，腌渍至入味。

4 砂锅中注水，倒入鱼骨、姜片、葱段、西洋参、银耳，加入料酒，拌匀。

5 盖上盖，烧开后转小火煮35分钟。

6 揭盖，倒入枸杞，拌匀，盖上盖，煮15分钟。

7 揭盖，加盐、鸡粉，拌匀，放入鱼片，拌匀，煮至鱼肉熟透，盛出即可。

时间：56分钟

百合红枣乌龟汤 时间：122分钟

[原料]

乌龟肉·······························300克
红枣·································15克
百合·································20克
姜片·································少许
葱段·································少许

[调料]

盐···································2克
鸡粉·································2克
料酒·································5毫升

[做法]

1 材料洗净；锅中注水烧开，倒入乌龟肉，淋入料酒，略煮，捞出待用。

2 剥去乌龟的外壳，待用。

3 砂锅中注水烧热，倒入红枣、姜片、葱段、乌龟肉。

4 盖上盖，烧开后转小火煮90分钟。

5 揭盖，倒入百合，盖上盖，小火煮30分钟。

6 揭盖，加盐、鸡粉，搅匀至入味，关火后盛入碗中即可。

TIPS

乌龟肉营养丰富，含丰富蛋白质、矿物质等，有滋阴潜阳、益肾壮骨的作用，适合冬季食用。